青鸟新知

青鸟
新知

章鱼的灵魂

走 进 章 鱼 的 奇 妙 意 识 世 界

〔美〕赛·蒙哥马利——著

王艺佳——译

江苏凤凰科学技术出版社·南京

图书在版编目（CIP）数据

章鱼的灵魂：走进章鱼的奇妙意识世界 /（美）赛·
蒙哥马利著；王艺佳译. -- 南京：江苏凤凰科学技术
出版社，2025. 3. -- ISBN 978-7-5713-4969-1

Ⅰ. Q959.216-49

中国国家版本馆CIP数据核字第20252UP438号

江苏省版权局著作权合同登记图字：10-2023-296 号

章鱼的灵魂　走进章鱼的奇妙意识世界

著　　　者	〔美〕赛·蒙哥马利
译　　　者	王艺佳
封 面 绘 图	徐　洋
总 策 划	傅　梅
策　　　划	陈卫春　王　崧
责 任 编 辑	汤碧莲
责任设计编辑	蒋佳佳
责 任 校 对	仲　敏
责 任 监 制	刘　钧

出 版 发 行	江苏凤凰科学技术出版社
出版社地址	南京市湖南路 1 号A楼，邮编：210009
编 读 信 箱	skkjzx@163.com
照　　　排	江苏凤凰制版有限公司
印　　　刷	南京新洲印刷有限公司

开　　　本	718 mm×1 000 mm　1/16
印　　　张	18
字　　　数	360 000
版　　　次	2025 年 3 月第 1 版
印　　　次	2025 年 3 月第 1 次印刷

标 准 书 号	ISBN 978-7-5713-4969-1
定　　　价	78.00 元

图书如有印装质量问题，可随时向我社印务部调换。联系电话：025-83657629

献给安娜
"昨日记忆永远无瑕"

目录

CONTENTS

第一章

—

雅典娜

—

邂逅一只软体动物的灵魂

三月中旬的一天，新罕布什尔州冰雪消融，出现了这个时节少有的温暖天气。在这天，我去了隔壁州的波士顿。趁着好天气，人们都沿着海港散步，或者坐在岸边长椅上吃冰淇淋，我却没空享受这难得的阳光，而是一头扎进了昏暗潮湿的新英格兰水族馆。我要去见一只北太平洋巨型章鱼。

　　之前，我不太了解章鱼这个物种。我甚至一直以为章鱼的英文名 octopus 的复数是 octopi，但实际上应该是 octopuses，因为 octopus 来自希腊语，而复数词尾 i 来自拉丁语，不能把这两者混淆。我对章鱼的认识十分有限，但这些仅有的知识已经足够让我对这个物种产生兴趣。章鱼可以像蛇一样分泌毒液，长着像鹦鹉喙一样的口器，还像老式钢笔一样，会喷出墨汁。它们可以长得和人类一样重，和汽车一样长，却能够把自己宽大柔软的身体塞进橘子一般大小的孔洞。它们能够改变颜色和外形，能够用皮肤尝出味道。最有意思的是，资料上都说它们特别聪明。难怪我以前去公共水族馆看到章鱼都会隐约有这样一种感觉：不光我在看章鱼，章鱼也在用同样好奇的眼神看着我。

　　但是这怎么可能呢? 章鱼和人类的差别可太大了，比如身体构造就完全不同。人类的身体从上到下是头部、躯干、四肢；章鱼则先是躯干，然后是头部，头部下面长了腕足。这样来看，章鱼的嘴长在"腋窝"里。或者，如果把它们的腕足比作人类的腿而不是手臂的话，那也可以说，章鱼的嘴长在"胯下"。另外，人类呼吸空气，而章鱼吞吐海水。章鱼的腕足上长满了灵活的吸盘，可以牢牢吸住别的物体，任何哺乳动物都没有类似的器官。

章鱼属于无脊椎动物，而哺乳动物、爬行动物、两栖动物、鸟类、鱼类都属于脊椎动物，这中间已经存在巨大的鸿沟。如果再细分，章鱼在无脊椎动物中属于软体动物，而和章鱼同属软体动物的蛞蝓、蜗牛和蛤蜊都算不上聪明，蛤蜊甚至连传统意义上的大脑都没有，只有脑神经节。

早在五亿多年前，章鱼的祖先和人类的祖先就已分道扬镳，开始朝着不同的方向进化。那么，我们人类有没有可能与进化树上另一侧的动物进行心灵交流呢？

章鱼就是这神秘的"另一侧"的典型代表。它们仿佛来自另一个世界，然而它们的世界——海洋，其实远比我们所居住的陆地更为广阔，占据了地球70%的表面积。许多动物都生活在海洋中，其中大部分是无脊椎动物。

我很想见一见新英格兰水族馆的这只章鱼，很想触碰另一侧的生活。如果章鱼真的拥有意识的话，我还想去探究这种与人类完全不同的思维方式。身为一只章鱼是什么感觉？会和身为人类一样吗？我们真的能和章鱼感同身受吗？

正因如此，当水族馆的公共关系部主任在大厅接待我，要向我介绍这只名叫雅典娜的章鱼时，我感到非常荣幸，就像是一位受邀前往异世界的尊贵访客。从那天起我才发现，我所居住的这颗美丽的蓝色星球是如此陌生而又妙不可言。在这颗星球上，我已经生活了五十多年，作为博物学家度过了大半生涯。但是，直到那天以后，我才终于感觉自己更加认识了这个世界。

★★★

负责照顾雅典娜的饲养员当时不在，我立刻就有些沮丧，因为章鱼水箱的盖子是不能让饲养员以外的人随便打开的。北太平洋巨型章鱼是世界上近三百种章鱼中体形最大的，轻而易举就能放倒一个人。成年雄性个体的单个直径 7.6 厘米的吸盘就能提起 13.6 千克重物，而每只北太平洋巨型章鱼有一两千个这样的吸盘。而且，有些章鱼咬人后，会向人体注入一种神经性毒液，以及能够溶解人类身体组织的唾液。最可怕的是，章鱼会伺机从打开的水箱中逃出来，而逃跑这种事无论对水族馆还是对章鱼本身，都会是一场灾难。

不过我很幸运，在场的另外一位工作人员可以帮我打开章鱼的水箱。斯科特·多德是水族馆淡水区的资深员工，淡水区就在雅典娜生活的冷水区旁边。斯科特大约 40 岁出头，高个子，蓝眼睛，留着银灰色的胡子。1969 年 6 月 20 日，新英格兰水族馆面向公众开放的第一天，还在襁褓之中的斯科特就来过这里，从此与这家水族馆结下了不解之缘。他几乎认识馆里的每一只动物。

斯科特一边掀起沉重的水箱盖子，一边告诉我，雅典娜大约两岁半，18 千克重。水箱旁边有移动楼梯。我登上三级狭窄的台阶，靠着水箱探头望进去。雅典娜伸展开大约有 1.5 米长，头部大小接近于一个小西瓜。这里说的"头部"指的是实际的头部加上它的外套膜，或者说躯干，因为从我们哺乳动物的视角来看，章鱼的这些部位就相当于头部。"现在它的头至少有蜜瓜那么大。"斯科特说，"它刚来的时候，头部只有柚子那么大。"北太平洋巨型章鱼是地球上生长速度较快的物种之一。只需要不到三年的时间，它们就能从米粒大小的卵长成体重接近人类的成年章鱼。

斯科特打开盖子的时候，雅典娜已经从约 2000 升的巨大水箱的角落游了过来，近距离观察我们。它用两只腕足勾着水箱边缘，探出了水面，其他腕足自然垂在水里，身体呈现出兴奋的红色。它把白色的吸盘朝上，就像是露出手掌要和人握手。

"我能碰它吗？"我问斯科特。

"当然可以。"他回答道。于是，我摘了腕表，放下围巾，卷起袖子，将两条手臂伸进 8 摄氏度的水中。冰冷刺骨的水没过了我的手肘。

果冻质感的腕足扭曲翻腾着从水中探了出来，迎接我的双手。下一秒，柔软的吸盘带着试探的触感，覆盖了我的手和小臂。

不是所有人都会喜欢这种感觉。博物学家、探险家威廉·毕比就很讨厌章鱼吸盘的触感。他坦白："每次不得不碰章鱼触手的时候，我都要经历一番心理斗争。"维克多·雨果曾在《海上劳工》中将章鱼描述为带来灭顶之灾的恐怖怪物："幽灵只能匍匐在你身侧，猛虎只会将你吞噬，而章鱼呢？可怕至极！它会生生吸干你的血……你肌肉肿胀，神经痉挛，在强力的挤压下皮开肉绽，血流如注，与那怪物可憎的黏液混在一起。这狰狞的怪物还会用成千上万张嘴牢牢地吸在你身上……"长久以来，对章鱼的恐惧一直根植于人类的灵魂深处。公元 77 年，古罗马学者普林尼在《自然史》中写道："在水中，章鱼是夺人性命的罪魁祸首。它会缠住你的身体，吸盘覆盖你每一寸肌肤，再把你生生撕成碎片……"

但雅典娜的吮吸是轻柔的。它不断触碰着我，就像在亲吻我的手。它将蜜瓜大小的头部探出水面，左眼与我对视——就像人都有惯用手一样，章鱼也有惯用眼。晶莹的眼球中，它黑色的瞳仁收缩成小孔，眼神静谧安详，全知全视，充满来自远古的智慧。

　　"它在看着你呢。"斯科特说。

　　我看着它湿漉漉的眼睛，不禁想要伸手摸摸它的头。在雨果的笔下，章鱼的身体"韧若皮革，坚如钢铁，冷似黑夜"，我却觉得它的头像丝绸一样光滑，比布丁还要柔软。雅典娜的身上散布着银红的斑点，仿佛点点星光倒映在酒红色的海面上。它的皮肤在我指尖轻抚之下变白，这表明它很放松。

　　也许雅典娜感觉到了我和它有同样的性别。雌性章鱼和人类女性一样，会分泌雌激素，可能它通过皮肤"品尝"出了我的性别。章鱼全身的皮肤都能感受到味觉，其中吸盘的味觉最为灵敏。雅典娜给了我一个极为亲密的拥抱。也许，它一开始就通过触碰、品尝我的肌肤，感受到了表皮之下的肌肉、骨骼和血液。虽然我们才刚刚见面，它已经以一种前所未有的方式了解了我。

　　我对它有多好奇，它就对我有多好奇。起初，它只是用腕足末端的小吸盘攀着我的手。慢慢地，它开始用头部附近的大吸盘抓紧我。现在，我站在水箱边小小的台阶上，弯腰90度，上半身向前探，整个人的姿势就像一本半开的书。这时我才意识到，它想把我拉进它的水箱。

　　我多想随它去呀！但可惜，我不能融入它的世界。它可以像水一样游进石头下面的巢穴，但我有骨头和关节，没办法把自己塞进如此狭小的空间。如果我站在水箱里的话，水的高度大概到我的胸部；但如果我被它拉进水箱，那就是头先入水，过不了一会儿就会缺氧。我问斯科特，我能不能挣脱它的拥抱，于是他轻轻地拉开了我们俩。吸盘离开皮肤，发出了一串"啪"的声音。

★★★

"章鱼?！不就是怪物吗? 你不害怕吗? "第二天我和朋友乔迪·辛普森一起遛狗时提到了昨天的事，她惊恐地问出了这个问题。她会问出这样的问题，一方面是因为不太了解自然界，另一方面是因为西方的文化和传说太过深入人心。

西方人对巨型章鱼和大王乌贼的恐惧由来已久。从 13 世纪的冰岛传说到 20 世纪的美国电影，这些巨型软体动物给西方的文艺创作提供了源源不断的素材。在古代冰岛描写英雄奥瓦尔·奥德事迹的长篇故事中，就有一种"将人、船只、鲸鱼等一切所见之物全部吞噬"的巨型海怪哈夫古法。后来，哈夫古法逐渐演变成著名的北海巨妖克拉肯。这些怪物的现实原型显然就是某种长着触手的软体动物。

从前有法国水手声称，一只巨型章鱼在安哥拉附近的海域袭击了他们的船。1801 年，法国软体动物学家皮埃尔·丹尼斯·德蒙福特根据他们的叙述创作了一幅画，画中一只巨型章鱼升上海面，缠绕着一艘三桅纵帆船，长长的触手一直伸到桅杆的顶部。这幅画流传甚广，至今还有水手把它文在胳膊上。德蒙福特认为世界上至少存在着两种巨型章鱼，正是其中一种造成了1782年某个夜晚十几艘英国战舰的神秘失踪（不过真相让蒙德福特在公众面前丢尽了面子：一名幸存者后来透露，他们的战舰其实是在飓风中失去了方向）。

1830年，阿尔弗雷德·丁尼生在诗作《海怪》中写道："无数硕大无朋的章鱼往外涌，来用巨腕扇这酣睡的绿怪兽。"当然还有儒勒·凡尔纳1870年出版的著名科幻小说《海底两万里》，浓墨重彩地书写了众人大战巨型章鱼的场面。这部小说曾于1916年和1954年两度被改编为电影。虽然1954年版的电影把章鱼改成了大王乌贼，但负责拍摄1916版电影水下场景的约翰·威廉姆森高度评价了原著中的章鱼怪物："跟章鱼比起来，书里写的吃人的鲨鱼、长着毒牙的巨型海鳝、残暴的梭鱼，全都显得人畜无害甚至和善可亲。阴森昏暗的巢穴中，突然出现一双没有眼皮的巨大眼睛死死地盯着你，那种恐怖和恶心简直无法言喻……死亡凝视之下，你会冷汗直冒，灵魂都在颤抖畏缩。"

对章鱼的污名化持续了几个世纪，我当然急切地想要为它们正名，于是立刻反驳我的朋友："章鱼才不是怪物呢！"词典里将"怪物"形容为"庞大、丑陋、吓人"，但在我看来，雅典娜就像天使一样美丽和善。有的章鱼甚至也算不上"庞大"。现在就连章鱼中体形最大的北太平洋巨型章鱼，也没有以前那么大了。也许以前确实存在臂展超过45米的章鱼，但吉尼斯世界纪录里最大的章鱼也不过重136千克，臂展9.75米。1945年，人们在加利福尼亚圣芭芭拉海滩捕获过比纪录更重的章鱼，足足有182千克。但遗憾的是，当时拍摄的照片显示，以旁边的人作为对照，这只章鱼的臂展不超过6.7米。而且，现代有记录的这些巨大章鱼个体也并不符合传说中"巨型章鱼"的标准。最近有一例由新西兰渔船在南极附近发现，重量超过450千克，臂展超过9米。现如今，怪物爱好者们只能哀叹，近五十年来，体形巨大的章鱼个体好像没有出现过。

我滔滔不绝地讲着雅典娜是多么优雅、温柔、友善，但乔迪依然不买我的账。在她眼里，巨大、黏稠、长满吸盘的头足纲动物就是怪物。"好吧，"我干脆改变了策略，稍微让步，"怪物其实也不错呀。"

我其实一直挺喜欢怪物的。小时候看电影，我都会支持哥斯拉和金刚，而不是那些想要杀掉他们的人类。我觉得这些怪物完全有理由发怒：没有人会喜欢在沉睡中被核爆炸吵醒，所以哥斯拉发脾气也是情理之中；菲伊·雷这么漂亮，金刚会爱上她也是非常合理的（当然也有人讨厌她的尖叫，毕竟不是所有人都像金刚那样有耐心）。

如果你站在怪物的角度看问题，就会发现它们做的事其实很好懂，关键是要去理解怪物的思维。

★★★

我们分开后，雅典娜游回了自己小小的巢穴。我摇摇晃晃地走下台阶，感到头晕目眩，静静地站了一会儿喘口气。我还沉浸在刚才的震撼中，唯一能说出的词只有表示惊叹的"哇"。

"刚才它主动让你摸头，这可很少见。"斯科特说，"我还挺惊讶的。"他告诉我，之前住在这里的章鱼杜鲁门，以及再之前的乔治，只会让访客碰腕足，不会让人摸头。

鉴于雅典娜的性格，让人摸头就显得更难得了。杜鲁门和乔治都比较懒散松弛，但是雅典娜就不一样。它的名字来源于古希腊神话中司掌战争和谋略的女神，它的个性确实也没有愧对这个名字，特别活泼好动，容易兴奋——从它变红隆起的皮肤也可以看出这一点。

不同章鱼个体的性格差别非常大，饲养员通常会根据性格给它们起名字。在西雅图水族馆，有一只北太平洋巨型章鱼名叫"艾米莉·狄金森[①]"，因为它特别害羞，整天躲在水箱后面，游客基本看不到它。最终，水族馆的工作人员把它放回了当初发现它的皮吉特湾。还有一只章鱼名叫"穿休闲服的拉里[②]"，因为它就像同名游戏的主人公一样黏人。你拉开它一条腕足，它会再伸出两条腕足攀在你手上。另外一只章鱼叫"卢克丽霞·麦克伊维尔[③]"，因为它就像歌里唱的那个坏女人一样调皮，会把水箱里的所有东西都拆散。

章鱼也能感受到人类的不同性格。它们有喜欢的人，也有讨厌的人。对于认识、信任的人类，章鱼会有特别的反应。比如，乔治虽然躲着游客，但对它的饲养员——水族馆资深员工比尔·墨菲特别友好，在他身边也会非常放松。我来之前在网上看过 2007 年

---

① 19 世纪美国女诗人，性格内向，不爱露面，生前默默无闻。
② 一款电子游戏里的男主人公，游戏剧情是拉里不断追求漂亮女性。
③ 一首美国歌曲里充满魅力的坏女人形象。

的时候他们俩在一起的视频：乔治浮在水面，轻轻地用吸盘吻着比尔的手。高高瘦瘦的比尔弯下腰，温柔地爱抚着乔治。"它就像我的朋友。"比尔一边摸着乔治的头，一边对着摄影师说，"我每天都能见到它，陪它玩，照顾它。当然也有人会觉得章鱼黏糊糊的，很吓人，但我很喜欢跟它待在一起。对我来说它有点像小狗，我可以摸它的头，挠它的前额，它也很享受这样。"

章鱼很快就能辨认出谁是朋友。西雅图水族馆的生物学家罗兰·安德森做过这样一个实验：他让八只北太平洋巨型章鱼接触两个它们之前没见过的人，这两个人都穿着一样的水族馆蓝色制服。两个人当中，一个人负责给其中一只章鱼喂食，另外一个人总是拿粗糙的棍子戳这只章鱼。一个星期之后，这些章鱼就分辨出了谁对它们好。在水里看到这两个人时，大部分章鱼都游向了喂食的人，离捣乱的那个人远远的。有时候，被戳的那只章鱼甚至还会用头部旁边的虹吸管向戳它的那个人喷水。

有时，章鱼还会特别针对某个讨厌的人。西雅图水族馆有一只章鱼平时对人很友好，但是特别讨厌每晚巡视水族馆的那个生物学家，每次看到都会朝她喷冰冷的海水，而且不喷别人，只喷她。野生的章鱼喷水有时是为了给快速移动提供推力，有时是为了驱赶不喜欢的东西，就像我们人类用吹雪机清理道路一样。西雅图水族馆的这只章鱼可能是被夜里巡查用的手电筒惊扰了，才这么针对这位生物学家。新英格兰水族馆之前有一位志愿者，特别不招杜鲁门的待见。每次看到她，杜鲁门都会喷她一身水。后来，这位志愿者辞职上大学去了。直到几个月后，她再来到水族馆，这段时间从没喷过人的杜鲁门立刻认出了她，又开始朝她喷水。

　　章鱼可能会思考，有感觉，还有不同性格，这个想法一直困扰着许多科学家和哲学家。即使黑猩猩和我们人类血缘关系那么近，甚至有着与人类相似的血型系统，许多研究者也是直到最近才承认它们拥有智慧。1637 年，法国哲学家勒内·笛卡尔提出了著名的观点，认为只有人类拥有心灵、能够思考，因此人类是道德宇宙中唯一的存在——"我思，故我在"。这一观点至今依然深刻影响着现代科学界。正因如此，即便是珍妮·古道尔这样闻名世界的动物学家，也不得不把一些有趣的观察研究成果藏了二十年都没有公开发表。她在坦桑尼亚贡贝溪国家公园进行了大量研究，多次观察到黑猩猩有相互欺骗的行为。一般来说，黑猩猩看到树上结有成熟的果实时，就会大声嚎叫，通知同伴取食，但有的时候它们也会故意不发出声音，防止其他同伴发现食物。古道尔迟迟没有发表自己的研究，是因为担心其他科学家指责她将动物"拟人化"，也就是将人类的感情投射到研究对象身上，这在动物研究领域是大忌。我和贡贝溪研究中心的其他研究人员有过交流，他们至今不敢发表一些 20 世纪 70 年代的发现，主要是担心科学界根本不会认可这些研究结果。

　　"人类一直都不太愿意承认别的物种拥有情感和智慧。"在我见过雅典娜之后，又见到了新英格兰水族馆的公共关系总监托尼·拉卡斯，他对我说了这句话。"对于鱼类和无脊椎动物，这种偏见尤为强烈。"斯科特也附和道。我们三人在巨型海洋水箱周围的坡道上，边走边聊。这个水箱有三层楼那么高，总容量 757000 升，完全再现了加勒比暗礁的生态环境，是水族馆的核心展区。工作人员还会亲切地叫它的简称"GOT①"。水箱中，鲨鱼、鳐鱼、海龟、热带鱼群轻舞妙曼，如同幻梦。我们就在这样的氛围中冲破了科学界的禁忌，讨论着许多人认为不存在的动物的灵魂。

斯科特讲起了馆里一只章鱼暗中搞破坏的事迹，这件事的震撼程度和古道尔发现黑猩猩的欺骗行为不相上下。"当时有一个水箱装着一些比较特殊的比目鱼。旁边隔了不到 5 米，就是这只章鱼住的水箱。"他说。这些比目鱼是做研究用的，但是从某一天开始，这些鱼一条一条地消失了。研究人员都很诧异。后来，他们终于抓到了正在作案的嫌疑犯——这只章鱼居然从自己的水箱里溜出来，跑到隔壁把比目鱼吃了！斯科特还向我们描述了它被抓到现行时的反应："它心虚地左顾右盼，然后爬走了。"

托尼给我讲了比米尼的故事，它是一条住在巨型海洋水箱里的雌性铰口鲨。有一次它捕食了水箱里的一条点纹裸胸鳝，吞了半个身子，尾巴还露在外面，就这样叼着在水箱里游来游去。"这一幕正好被一个在潜水的工作人员看见了。他很熟悉这条鲨鱼，就对它摇了摇手指，拍了一下它的鼻子。"托尼说道，"比米尼立刻就把这条鱼吐了出来。"（虽然现场的兽医迅速把这条点纹裸胸鳝带走急救了，但它伤得太重，最终还是无力回天。）

我想起来，自己家的边境牧羊犬萨利也有过类似的事。有一次它在树林里吃一只死掉的鹿，我看见后冲它大吼："别吃了！"它立刻就把吃进去的东西吐了出来。我一直为它的听话感到很骄傲。可

---

① Giant Ocean Tank 的缩写，意为巨型海洋水箱。

是，鲨鱼也会听人的话吗?

鲨鱼不会吃光水箱里的鱼，毕竟工作人员会把它们喂饱。"但它们就算不饿，有的时候也会出于其他原因伤害或者吃掉别的动物。"斯科特告诉我。有一次，一群镰鳍鲳鲹（一种又扁又长、表皮光滑、背鳍像大镰刀一样的鱼）在巨型海洋水箱的水面翻来覆去地闹腾。"它们的骚动制造了一些噪声。"托尼说。然后，一条沙虎鲨就冲上水面，追着咬这群鱼的鱼鳍，但是也没想杀掉或者吃掉它们。显然，这条鲨鱼是被它们搞烦了。"所以它咬它们是为了宣示主权，不是为了捕猎。"托尼总结道。

当然，很多人都会觉得我们谈论的这些属于异端邪说。确实，我们很容易误解动物，和我们很像的那些动物也不例外。多年前，我去参观过碧露蒂·高蒂卡斯①设立在婆罗洲的研究中心。当时，研究人员正把一批之前被圈养的红毛猩猩放归野外，一个新来的美国志愿者突发奇想，冲上去要拥抱一只成年雌性红毛猩猩。这只猩猩倒是没有躲，但是抱了之后，反手就把她推倒在地。这位志愿者应该是没有意识到，猩猩并不喜欢被陌生人突然拥抱。

我们很容易以为动物跟我们有同样的感受，尤其在想要博得它们的好感时，就更容易自作多情了。我有个朋友的工作和大象有关。他告诉我，有一次，一个自称能和动物对话的女人来到动物园，想要安抚一头好斗的大象。她和大象进行了一番心灵感应式的"对话"，然后告诉饲养员："它很喜欢我，想要把头枕在我的大腿上。"

---

① 人类学家、灵长类动物学家，研究红毛猩猩的权威。

　　章鱼的灵魂 ｜ 走进章鱼的奇妙意识世界

有趣的是，她可能误打误撞地猜对了：大象有的时候确实会把头枕在人的大腿上，这么做是为了杀了这个人。它们会用巨大的头部把人碾碎，就像人用脚踩灭烟头一样。

20 世纪早期，奥地利裔英籍哲学家路德维希·维特根斯坦有这样一个著名论断："即使狮子能够说话，人类也无法理解它。"这么一说，章鱼被误解的可能性更大。狮子毕竟和我们一样都是哺乳动物，但章鱼的身体结构就完全不同了。它们有三颗心脏，大脑长在喉咙周围，身体表面不长毛发，而是裹满黏液。它们就连血液的颜色也跟我们不同：章鱼体内运送氧气的不是铁元素，而是铜元素，因此它们的血液呈现出蓝色。

美国博物学家亨利·贝斯顿在其经典著作《遥远的房屋》中写道，动物们"既不是我们的手足，也不是我们的附庸"，而是一种特殊的存在，拥有"我们已经失去或者从来没有过的感官，靠着我们听不见的声音生活"。它们"来自另一个国度，却和我们一同被困于浮生繁华和世俗劳顿"。对于很多人来说，章鱼不是来自另一个国度，而是来自另一个充满威胁的遥远星系。

但对我来说，雅典娜不仅仅是一只章鱼。它是一个独立的个体，有自己的性格。我很喜欢它。它还是一扇窗，让我用一种全新的方式去思考"思考"这件事本身，去想象灵魂的另一种形态。它引导着我，用前所未有的视角探索这颗星球——一个充满了水的世界，一个我未曾了解的世界。

★★★

回到家之后，我试着在脑海里回放和雅典娜相处的点点滴滴。但是这太难了，它简直无处不在，变幻莫测。我无法在记忆中重现它果冻般富有弹性的身体和浮在水中的八条腕足，也无法捕捉它不断变化的颜色、形态和纹理。上一秒，它的皮肤还是凹凸不平的亮红色；下一秒，又变成平滑的深棕色或白色。在一秒钟之内，它身体的不同部分就能瞬间改变颜色。我才记住它上一秒的样子，它就立马又变了个样。借用一句美国著名乡村民谣歌手约翰·丹佛的歌词来描述我此刻的感受，那就是"我的眼里心里都是她"。

雅典娜不受骨骼关节的束缚，它的腕足可以同时朝着四面八方不停地扭动缠绕、伸展探索，每条腕足都像是有思维的、独立的生物。从某种意义上来说，也确实是这样。章鱼全身的神经元只有五分之二在大脑中，剩下的全长在腕足上；被剪下来的腕足可以不受大脑操纵，继续活动一段时间。有人猜测，剪下来的腕足还会继续捕猎行为，能够抓住猎物，甚至可能试图把食物送到不复存在的嘴里。

就连雅典娜的一个吸盘都是那么地迷人，更何况这样的吸盘它一共有一千多个。章鱼的每个吸盘都要同时承担不同的任务：吸、尝、抓、握、拔、放，非常灵活。北太平洋巨型章鱼的每条腕足都长有两排吸盘，最小的长在末尾，最大的在距离嘴的三分之一处。雄性章鱼最大的吸盘直径大约是 7.6 厘米，雅典娜这样的雌性大约是 5 厘米。它们的每个吸盘都由两部分组成：外围的部分像一个漏斗，从中心到边缘呈放射状排布着几百条隆起的纹路；中心是一个小小的空腔，用来产生吸力。这个结构可以改变形状，无论要抓什么，吸盘都能完美贴合它的轮廓。每个吸盘都有独立的神经，章鱼可以灵活自如地控制它们，单个吸盘甚至可以模拟出人类用食指和大拇指捏住东西的效果。另外，吸盘还能产生巨大的吸力——詹姆斯·伍德是一个生物科普网站的管理者，据他计算，一个直径6.4厘米的吸盘能够提起约16千克的重物。如果一只章鱼身上所有的吸盘直径都是6.4厘米的话，那么它就能够产生25.6吨的吸力。另外一位科学家估计，要挣脱一只寻常体形的章鱼，需要的力量相当于四分之一吨。伍德提醒道："潜水者需要格外小心章鱼。"

但是，雅典娜在吸我的皮肤时非常温柔，大概是因为我并不害怕，也没有挣扎。在和雅典娜的饲养员比尔打电话预约下一次参观时，他告诉我，这种情况还是很幸运的。

"很多人都会被章鱼吓到。"比尔告诉我，"有访客要和章鱼近距离接触时，我们都要安排工作人员在旁边，防止发生意外，主要是不让章鱼逃出水箱，毕竟我们没办法预测它的行为。有一次，雅典娜的四条腕足都吸在我手上。我刚把它们扒开，另外四条又紧跟着贴了上来。"

"看来我们都遇到过这种黏人的约会对象。"我打趣道。

雅典娜和我互动的时候，不仅用吸盘品尝我的手和小臂，还用眼睛盯着我的脸看。我很惊讶：人和章鱼的构造如此不同，它居然还能看出来我的脸在哪儿。它会不会也想用吸盘尝一尝我的脸呢？于是我问比尔，可不可以让它碰我的脸。"不行。"比尔斩钉截铁地否定了我的想法，"我们从来不让章鱼碰人的脸。""为什么呢？它会把人的眼睛抠出来吗？""对，它要是想的话，那是可以的。"比尔曾经跟章鱼抢过清洁刷，人和章鱼各抓住一头，像在拔河。"我永远抢不过它们。跟它们在一起的时候一定要小心，不要让它们靠近你的脸。"比尔说。

"我感觉它想要把我拉进水箱里。"我告诉比尔当时的感受。

"它完全可以做到。"比尔说。

那我真是迫不及待要再给它一次机会了。我们把下一次参观定在周二，那时候比尔和另一位经验丰富的志愿者威尔逊·米纳什都会到场。斯科特和比尔都对这位志愿者赞赏有加："他确实很会和章鱼相处。"

威尔逊之前是理特咨询公司的工程师，同时也是个发明家，名下有好几项专利。在水族馆，威尔逊也身负重任：设计玩具，让这些聪明的章鱼有事可做。"要是章鱼没有事情做，就会觉得无聊。"比尔解释道。让章鱼感到无聊，不仅对章鱼很残忍，对人类来说也不是什么好事。我养了两只边牧犬，还有一只 340 千克重的宠物猪，所以对这件事很有发言权。聪明的动物一旦感到无聊，就会给人找事做。它们总会搞一些很有创意的破坏，来消磨无事可做的时光，就像西雅图水族馆那只总是拆东西的章鱼卢克丽霞·麦克伊维尔。在加州圣莫尼卡水族馆，一只身长仅有 20.3 厘米的加州双斑章鱼拆开了水箱里的安全阀，上千升的水喷涌而出，流得到处都是，水族馆崭新的环保地板全部毁于一旦。

另外，感到无聊的章鱼还会想尽办法跑到更有意思的地方，逃跑技术堪比逃脱魔术大师胡迪尼。英国普利茅斯海洋实验室的布赖特维尔就曾在凌晨两点半遇到过一只正从楼梯往楼下爬的章鱼，这只章鱼刚从实验室的水箱里跑出来。一艘拖网渔船在英吉利海峡捕获过一只章鱼，它原先在甲板上，后来不知怎么地通过升降梯爬到了船舱里。几个小时后，船员才在茶壶里找到了它。还有百慕大一家小型私人水族馆里的章鱼，推开了水箱的盖子滑到地板上，又从走廊爬了一路，想要回到海里。但爬了大约 30 米之后，它在草坪上遭到一大群蚂蚁的围攻，最终不幸遇难。

还有更加让人吃惊的类似事件。2012 年 6 月的凌晨三点，加州蒙特雷湾水族馆的一位安保人员在页岩礁展区发现了一摊"香蕉皮"。走近一看，才发现"香蕉皮"其实是一只拳头大小、活蹦乱跳的东太平洋红章鱼，于是这位安保人员沿着章鱼来时留下的水迹，把它送了回去。然后，离谱的部分来了：这家水族馆压根儿就没有这种章鱼。唯一可能的解释是，它还没成年就偷渡进来了，搭便车跟着石头或者海绵来到了这个展区，神不知鬼不觉地就在这儿长大了。

为了避免上述的这些灾难性事件，水族馆都会把章鱼水箱的盖子设计得严丝合缝，再变着法子给章鱼找点事做。2007 年，克利夫兰都会动物园专门为章鱼编纂了一本丰容①手册，里面写了很多适用于这种高智商动物的娱乐方式。有些水族馆会把食物藏在"土豆头先生"玩具里，这样章鱼可以把玩具拆开，然后找到里面的食物。有的水族馆会给章鱼玩"乐高"积木。俄勒冈州立大学的哈特菲尔

---

① 一种动物园术语，是指在圈养条件下，为丰富动物生活情趣、满足动物生理及心理需求、促进动物展示更多自然行为而采取的一系列措施的总称。

德海洋科学中心设计了一种巧妙的装置——章鱼可以摆弄不同的操纵杆,控制它们往画布上涂不同颜色的颜料。这些画作会被拍卖,募集到的资金用于维持章鱼水箱的日常运行。

西雅图水族馆生活着一只名叫萨米的北太平洋巨型章鱼,它有一个心爱的玩具球。这个球大概有棒球那么大,可以拧成两半,中间是空的,可以放东西,工作人员会把食物放进去。萨米不仅能把球拧开,吃完东西之后还会把球拧回去。它还有个玩具是一节管子,就像给宠物沙鼠钻的那种隧道。饲养员本来以为它会把腕足探进去玩,但是它的玩法却十分出人意料。它喜欢把管子拧碎,然后把碎片递给水箱里的一只海葵。没有大脑的海葵就会用管足吸着这些碎片,过一会儿把它们放进嘴里,最后再吐掉。

威尔逊在这方面很有先见之明。早在第一本章鱼专属的丰容手册问世之前,他就已经开始着手设计配得上章鱼智商的玩具了。

在理特咨询公司的实验室,威尔逊设计出三个透明亚克力的方形盒子,每个盒子上都有不同类型的锁。最小的盒子上的锁是马厩门上那种需要拧一下才能开的插销。饲养员可以把章鱼最爱吃的活螃蟹放进去,不给盖子上锁,章鱼会自己打开盖子吃掉螃蟹。如果插上插销,章鱼也会有办法把它弄开。章鱼学会开第一个锁后,就可以放第二个盒子。第二个盒子上的插销是旋转式的,需要逆时针转一下,把插销旋进卡槽才能上锁。饲养员把螃蟹放进第一个盒子,再把它锁进第二个盒子,章鱼也能打开。最后放第三个盒子,这个盒子上有两种不同的锁:第一种是滑动式的;第二种有个卡扣,就像老式密封玻璃罐盖子上的那种。比尔告诉我,章鱼在摸清开锁的门道之后，基本三四分钟就能打开所有的盒子。

我迫不及待地想要见到比尔和威尔逊，听他们跟我分享更多故事。我还特别想和雅典娜再见一面。和熟悉的人在一起的时候，它会有什么样的表现呢？它会认出我来吗？

★★★

我在水族馆大厅见到了比尔。他 32 岁，大概 1.95 米高，身形修长，体格健壮，一头棕色短发，笑容洋溢在脸上，眼角浮现出笑纹。比尔穿着水族馆的绿色制服，右手袖子下面露出蜿蜒的触须图案——他文了一只僧帽水母。这种会蜇人的水母俗称"葡萄牙战舰"，有着蔚蓝色的帆状浮囊体。我们上楼，经过水族馆的咖啡厅，从员工通道走到比尔负责的冷水区。他负责照看冷水区的 15000 只海洋生物，包括雅典娜和海星、海葵这样的无脊椎动物，也有巨大的龙虾和濒危的海龟，还有银鲛——一种有"奇美拉"和"鬼鲨"之称的深海软骨鱼类。这种古老而怪异的鱼类早在四亿年前就走上了和鲨鱼分道扬镳的演化之路，只有用来碾磨食物的齿板，没有鲨鱼那样锋利的尖牙。比尔对这里的每一个生物都了如指掌。它们很多都是他看着出生（或者说是他看着孵化），又在他的照顾下长大的，还有一些是他去缅因州和太平洋西北地区的寒冷水域考察时带回来的。

威尔逊已经在冷水区等我们了。他是个沉默寡言的人，跟比尔相比矮了一截，但身材依然修长，留着黑色的胡子。从发际线来看，他的孙辈应该都快成年了。威尔逊操着一口中东口音，但我听不出来具体是哪个国家。虽然他已经 78 岁了，但看上去比实际年龄年轻很多。

接近上午十一点，快到雅典娜的喂食时间了。它的午餐是一盘 13 厘米长的毛鳞鱼，放在隔壁水族箱的盖子上。我们不想让它等太久，便立刻开始准备喂食。

两位工作人员抬起沉重的水箱顶盖，固定在倒钩上不让它落下来。盖子上覆着细网，与水箱的轮廓曲线完全吻合。这是在许多章鱼一次又一次逃跑后，不断完善而形成的预防措施。比尔跟我和威尔逊道别，去处理冷水区的其他事情了。威尔逊爬上短小的活动楼梯，俯身看向水箱。

像一股烟似的，雅典娜从栖身处冒了上来。它游向威尔逊的速度之快让我惊叹不已，比上次它出现在我面前的速度快了太多。

"它认识我。"威尔逊简短地解释道，然后把手伸进冰冷的水里向它问好。

雅典娜从水下伸出白色的吸盘，抓住威尔逊的手和小臂。它用银色的眼睛看着威尔逊，然后做出了令我惊讶的举动：它翻了个身，简直就像小狗在翻肚皮。威尔逊在它一条腕足中心的吸盘上放了一条鱼。鱼在一个个吸盘之间传递，就像过传送带一样被送向它的嘴里。我很想趁机看看它的口器长什么样，但很遗憾，鱼就像自动扶梯末端的台阶一样，消失得无影无踪。威尔逊说，章鱼从来不会把口器露出来。

这时我才注意到，一只巨大的橙色向日葵海星正朝着威尔逊的手移动。这只海星有二十多条腕，臂展超过 60 厘米，正迈着它的 15000 条管足向我们走来。它的腕也叫作"辐射腕"，是个很适合海"星"的称呼。向日葵海星是世界上最大的海星。和其他同类一样，它没有眼睛，没有脸，也没有大脑。

"'他'也想吃鱼。"威尔逊说（这只海星是雄性，因为有一次它释放出精子，把水箱变浑了）。威尔逊随手递给它一条毛鳞鱼，动作就像在餐桌上给客人递黄油碟子一样自然。

一只连大脑都没有的动物，要如何"想要"某种东西，又要如何让另一种动物知道它"想要"什么呢? 也许雅典娜知道答案。它可能会把这只海星当作一个独特的个体、一位邻居，它能了解也能预料这位邻居的一些习惯和小怪癖。在哈特菲尔德海洋科学中心，那里的海星会在章鱼玩完"土豆头先生"玩具后，把玩具的眼睛拆下来，夹在两条"手臂"之间四处走动。"它真的很可爱。"为章鱼发明了绘画装置的克里斯汀·西蒙斯告诉我。她说他们那儿的海星都"好奇心旺盛"。每次章鱼有了新玩具，海星都会"试图把玩具从章鱼那里抢走"，她觉得"真是太有意思了"。要是工作人员把玩具弄到一边，海星还会小跑几步，把玩具拿回来。

我不禁好奇，没有大脑的动物真的能有"好奇"的感觉吗? 它会想要玩耍吗? 还是说它"想要"玩具或食物只是出于本能，就像植物"想要"阳光一样? 海星有自我意识吗? 如果有的话，自我意识对它来说会是什么样的呢?

显然，我进入了一个全新的世界，我不能用在陆地上熟知的脊椎动物的规则来评判这个世界的事。这只海星就在我们的面前开始进食——就像延时摄影的画面一样，毛鳞鱼被慢慢溶解了。向日葵海星可以把胃从嘴里挤出来，在体外消化猎物。它们一般会吃海胆、海螺、海参和其他海星。

这只海星吃饱喝足了，威尔逊又去照看雅典娜。他把剩下的三条鱼分别放到它不同的腕足上。雅典娜用它腕足上的一个个吸盘，把每条鱼一点一点传送到嘴里。我完全看呆了。这种进食方式要花很长时间，为什么它不弯一下腕足，直接把食物送进嘴里呢？然后我才突然想到：它这样吃东西，就像是我们吃甜筒冰淇淋的时候会慢慢舔，而不会直接把它塞进嘴里一样。品尝食物是一件愉快的事，也是一个有用的过程。只有这样，我们才能知道什么是安全好吃的食物，什么又是不能吃的。而章鱼，就是用吸盘来品尝食物。

吃完了鱼，雅典娜开始轻轻地玩弄威尔逊的手和小臂，它藤蔓一样的腕足尖偶尔会在不经意间触碰到威尔逊的手肘。大多数时候，它还是让腕足随意地在水中漂动，用吸盘轻轻地吻着他的皮肤。之前和我在一起的时候，它会不断试探性地吮吸我的手；但现在和威尔逊在一起，它是完全放松的。我看着这个男人和这只章鱼相互触碰，仿佛看到一对相伴多年的恩爱夫妻，正温柔地牵着手。

我也把手伸进水中，牵起雅典娜的另外一条腕足，轻轻抚摸它的吸盘。我的手指所到之处，吸盘都会慢慢蜷曲，来贴合我皮肤的轮廓。我看不出来雅典娜有没有认出我。虽然它肯定能通过品尝我的皮肤，分辨出我是威尔逊以外的另一个人，但它似乎认为我和威尔逊是一起的，它对待我的方式有点儿像面对好友带来的另一个朋友。雅典娜慵懒地攀上我的肌肤，就像它缠住威尔逊那样。我俯下身子，瞥见它珍珠般亮晶晶的眼睛。它也把头伸出水面，看着我的脸。

"它和人一样，是有眼皮的。"威尔逊说。他慢慢把手伸向雅典娜的眼睛。它不禁眨了眨眼，但没有躲，也没有离开。鱼早就吃完了，它待在水面只是为了陪着我们。

"它是一只非常温柔的章鱼，"威尔逊用一种近乎恍惚的语气，喃喃道，"非常温柔……"

我问他，和章鱼待在一起的经历有没有让他变得更温柔、更有同情心。威尔逊沉默地想了一会儿，然后说："我找不到合适的语言来回答这个问题。"威尔逊是在伊朗的里海边出生的，靠近俄罗斯。他的父母都是伊拉克人，所以他小时候在学英语之前，说的都是阿拉伯语。不过，他并非英语不够好，没法组织语言，而是之前没想过这个问题。"我一直很喜欢小孩子。"他说，"我跟小孩子很合得来，和章鱼也是如此。"

不同于和相同文化背景的成年人对话，与章鱼交流需要更坦诚的态度、更敏锐的直觉，就像对待小孩子一样。但是，威尔逊并没有把成年的章鱼类比为人类婴儿。成年章鱼强壮、聪明、野性难驯，而婴儿不完整、不成熟、还在发育中。用已故加拿大作家法利·莫厄特 [①] 的话说，雅典娜这样的章鱼是一种"超越人类"的存在，不需要我们帮它达到完善的状态。相反，我们只有在它的帮助下，才能融入它的世界。

[①] 加拿大国宝级作家和坚定的环保主义者，以其对自然和人类的深刻洞察而闻名。

"能够成为它的朋友，你会觉得很荣幸吗？"我问威尔逊。

"是的。"他坚定地重复了一遍，"是的。"

这时，比尔忙完他的事回来了。他弯下高高的身子，手伸进水里抚摸雅典娜的头。

"这可是一种殊荣。"比尔说，"它的头不是谁都能摸的。"

那天我们和雅典娜在一起待了多久呢？谁也不知道。把手伸进水箱之前，我们都把手表摘了。从那一刻起，我们就进入了"章鱼时间"。人在感到敬畏的时候，会觉得时间的流速也改变了。人在精神高度集中或者沉浸在极致享受中时，会进入"心流"状态，这种状态也会改变人对时间的感知。冥想和祈祷也有同样的效果。

除此之外，还有一种方法能让人体验到时间在以不同的方式流逝。人类和一些动物能够模仿和感知其他个体的情绪状态，这涉及我们大脑中一种名叫镜像神经元的神经细胞。当我们自己做出一个举动和看着别人做出同样的举动时，镜像神经元会产生相同的反应。比如说，和一个平静从容的人待在一起时，你对时间的感知就会和他逐渐同步。也许我们摸着雅典娜的头，就进入了它的时间感知领域。在这里，时间的流逝无关任何时钟的刻度。它仿佛是一种黏滑的液体，在远古缓缓流淌。我可以永远站在这里，和我的新朋友交谈，让它的怪异和美丽占领我的感官。

可惜我们的手在水里冻得不行，很快就红肿僵硬，动弹不得。把手缩回来的那一刻，好像有什么咒语被打破了，我霎时感到无比别扭，怅然若失。我用热水搓着冻红了的手，洗了将近一分钟还是觉得冷，连笔都没办法从包里拿出来，更别说在本子上写点什么了。

这种感觉就好像我一时间没有办法变回作家的人格，变回原本的那个自己。

★★★

"桂妮薇儿是我负责的第一只章鱼，"比尔告诉我们，"所以它一直是我的最爱。"我和比尔、斯科特还有威尔逊一起到附近的寿司店吃午餐。我原先觉得这有点怪，但想到我们刚看着雅典娜吃了一盘生鱼，好像又没那么怪了。当然，我们没人点章鱼。我点了一份加州寿司卷。

"桂妮薇儿刚和我接触不到两分钟，整个身子就全吸在我的手臂上。"比尔继续说着桂妮薇儿的事。不过后来它还是冷静下来，在一旁慢慢地、轻轻地用吸盘一点点地熟悉比尔的手臂。

桂妮薇儿还是第一只也是唯一一只咬过比尔的章鱼。不过它没用毒液，也没给比尔留疤，但比尔还是心有余悸："这种事我不想经历第二次了。"他还说，被章鱼咬的感觉有点像被鹦鹉啄了。鹦鹉的喙能产生每平方厘米约 42 千克的压力，被这么啄一下也不是小事。不过，比尔现在能够一笑置之。好像在为桂妮薇儿挽回名誉一般，他补充道："咬得也不是很重。"

这是他们刚认识的时候发生的事。比尔又殷勤地补充了一句，说当时是他不好，手离它的嘴太近了，所以它才会很好奇："我能不能吃你一口呢？"

三位男士继续分享他们和章鱼的故事。

"乔治真的很好。"比尔絮絮诉说着乔治的点点滴滴,"它很平静,不像有些章鱼那么容易激动。那些过于活跃的章鱼,见了你十分钟就抓着你不放,简直要把人的胳膊拽下来,但乔治不这样。它会安静地游过来,爬到你手上,吃东西,再去干别的事。有的时候,我们一起一待就是一个小时。"

"乔治是在我度假的时候去世的。"比尔继续说着。章鱼的生命都很短暂。北太平洋巨型章鱼已经算是长寿的了,但它们也只能活三到五年。它们基本是一岁的时候到的水族馆,有些章鱼还要更晚。"我当时根本没想到乔治快不行了。"比尔说,"一般来说,我们都能从外表和行为上看出一些预兆,比如颜色没有那么红了,经常泛白,或是没有那么活泼爱玩了,有点像人老了一样。有些章鱼也会出现白色的、像是要脱落的斑,就像人长老年斑一样。"

"你一定很难过吧。"我对比尔说。他表示都过去了。毕竟,动物的生老病死也是饲养员工作的一部分。但是,我记得第一次来的时候,斯科特就跟我提及比尔和他的章鱼:"章鱼就像比尔的孩子一样,章鱼去世就是丧子之痛,毕竟它是这些年来比尔每天都要关心照顾的孩子。"

乔治去世后,杜鲁门来到了水族馆,那时候比尔刚好不在。"杜鲁门从一开始就很活泼。"比尔说,"它是个投机分子。"

每只章鱼都会用不同的方法打开威尔逊设计的盒子,而且都开得很快。比尔先给它们玩最小的盒子,每周一次,持续大约一个月。第一个盒子玩了将近两个月之后,它们就可以玩第二个盒子了,还是一周玩一次。一般来说,两到三次之后,这些章鱼就能完全掌握打开第二个盒子的方法。第三个盒子有两道不同的锁，它们要试上五六次才能打开。虽然每只章鱼都会开锁，但这些个性迥异的章鱼偶尔也会用一些旁门左道来打开盒子。

乔治性格镇定，一般都是按部就班、有条不紊地开锁，但冲动的桂妮薇儿就不同了。有一次，它看到盒子里的活螃蟹特别激动，用腕足把第二大的盒子握出了一条裂缝。之后轮到杜鲁门玩盒子了，它一开始还挺喜欢玩的，也会规规矩矩地开锁。但是，后来有一次，比尔给杜鲁门搞了一顿大餐，在最小的盒子里放了两只螃蟹。杜鲁门看到螃蟹打架，立刻就兴奋了起来，根本顾不上开锁了，硬是把 2 米多长的身体塞进了之前桂妮薇儿弄出的 5 厘米宽、15 厘米长的裂缝里，于是那天来访的游客就看到了以下一幕：一只巨型章鱼，头朝里脚朝外，挤在边长 15 厘米的小盒子和边长 36 厘米的大盒子之间的狭小空间里，吸盘贴在盒子透明的内壁上，全都压平了。杜鲁门始终没能打开里面的小盒子，可能是因为太挤了，施展不开。不过，它最后自己又挤了出来，比尔也把两只螃蟹都喂给它了。

章鱼可以把自己的身体塞进极小的空间里，水族馆也因此上演过不少惊魂时刻。有一次，乔治差点把比尔的魂儿吓飞。它躲在一块大石头下面，比尔到处找它，找得焦头烂额也没找到。"我当时真的害怕它跑掉了。"比尔回忆道。

"只要有个洞，它们就能钻进去。"威尔逊也深有同感。

斯科特回忆，十多年前，水族馆里有一只加勒比侏儒章鱼，住在一个小一点的水箱里，工作人员把这个水箱叫作"珠宝盒"。某天比尔来上班的时候，发现水漫得地上到处都是，水箱里也不见了章鱼的踪影。后来他才发现，它跑到水箱的后面，钻进了直径仅有1厘米的循环水管。这时候能拿它怎么办呢？

"我记得小时候在国家地理频道看过类似的事情。"斯科特说。希腊的渔民会用一种双耳细颈瓶来捕章鱼。章鱼捕了一个晚上的猎，看到小小的瓶口，以为找到了安全的栖身之处，毫无防备地进了瓶子，却被渔民拉出来，成了盘中餐。不过一般来说，章鱼肯定不愿意乖乖出来，渔民也不想把瓶子打碎，这时渔民就会往里面灌淡水。只能生活在海水里的章鱼受不了淡水，就会自己跑出来。所以，斯科特当时就用了同样的方法，确实很管用。

多年之后，斯科特又用了一次这个方法来对付一只淘气的北太平洋巨型章鱼。事情过去很多年了，他不太记得那只章鱼的名字，但依然清楚地记得事情的经过。那天，他打开水箱盖子给章鱼喂食，这只章鱼就吸在他胳膊上不肯下来——一条腕足被扒开，另外两条又吸了上来。"它不肯回水箱，我又有别的事要忙。"他说。于是，他把另一只胳膊伸向旁边的水槽，接了一盆自来水，浇在章鱼身上。它立刻就松手了。"我当时就想，我赢过它了！"斯科特十分得意地说道。

但是章鱼很生气。"它变得红彤彤的，皮肤也凹凸不平，但我当时没注意。"他说，"它吸了一肚子水，整个身体都鼓起来了，然后喷了我一脸咸得要命的海水！"等到他湿淋淋地站在那儿的时候，他才发现：章鱼脸上得意的表情，就跟他刚才以为赢过它的时候如出一辙。

★★★

又过了几周，我第三次去看雅典娜。比尔和威尔逊都不在，是斯科特给我开的水箱盖子。雅典娜像往常一样待在它的石头下面，看到我之后飞快地游了上来，头朝下浮在水面。

一开始我有点失望，因为这次它没有把头对着我，也没有看我。它是对我不感兴趣了吗？还是说它其实像个戴着面纱的害羞淑女一样，正在透过腕足的缝隙偷看我，只是我没注意到而已？它把吸盘朝上，头朝下，是不是说明即使不需要碰到我，它也能通过吸盘来认出我？如果它真的认出了我，为什么没有像以前一样和我打招呼呢？它为什么要像一把撑开的伞一样，倒挂在我面前呢？

想完这一连串问题我才发现，它其实是在跟我要吃的。

斯科特问了其他工作人员雅典娜的喂食情况。它不需要每天都吃东西，所以他们已经几天没喂它了。于是，我有幸能够亲手喂它吃一条毛鳞鱼。我把鱼放在它一个比较大的吸盘上，它便把鱼往嘴里送。不过在此之前，它还用另外两条腕足上更多的吸盘摸了摸这条鱼，仿佛在舔手指，慢慢品味这道菜。

雅典娜吃完鱼之后，我又把手往水下伸了一些。现在它终于让我摸它了。我轻轻摸着它的头和外套膜，又一次惊叹于它柔软的身体和奇妙的质感：它的皮肤上有一些隆起的疙瘩和纹路。我又伸手摸它那薄如蝉翼的腕间膜，我甚至还能透过它看到后面的气泡。而这个与我们如此不同的身体，竟然会像小猫、小狗，甚至小孩子一样，对人的抚摸做出反应。虽然它的皮肤可以改变颜色、品尝味道，但它也和我们一样，在抚摸之下会慢慢放松。虽然它的嘴长在腕足之间，它的唾液能溶解猎物的肉，但它也和我们一样，饿的时候会想饱餐一顿。就在这一刻，我觉得自己好像理解了雅典娜的某些最基本的东西。我不知道能够改变颜色、喷出墨汁是一种什么样的感觉，但我和它一样，喜欢温柔的抚摸，也喜欢饥饿时的美食。我知道快乐的感觉，而此刻的雅典娜，显然是快乐的。

我也很快乐。在开车回新罕布什尔的路上，我的快乐就像气泡一样不断膨胀。我想，现在我都喂过它了，如果这次它还没记住我的话，那下一次，它一定能认出我。

★★★

一周后，我收到了一封来自斯科特的邮件，邮件内容让我非常惊愕。

"很抱歉告诉你这个不好的消息。雅典娜快要不行了，可能只剩下几个小时了。"一个小时不到，我收到了第二封邮件：雅典娜去世了。

泪水决堤而出。我居然哭了。

为什么我会这么难过呢？我其实很少流眼泪。我以为我会有一些伤心，但不会哭，毕竟我和它只见了三次面，一起度过的时间总共不到两个小时。我不知道我算不算雅典娜的朋友。就算是，我对它来说也没有威尔逊和比尔那么特殊。但对我来说，雅典娜意义非凡。它之于我就如同桂妮薇儿之于比尔，是我的"第一只章鱼"。虽然我们都不能称得上认识彼此，但确实是它，带我一窥前所未见的另一种灵魂。

这才是最让人伤感的部分：我才刚刚开始了解它，现在却不得不悼念这段还没来得及绽放就已经凋谢的感情。

"身为一只蝙蝠的感觉是什么样的？"美国哲学家托马斯·内格尔在 1974 年的一篇探讨意识本质的文章中提出了这个著名的问题。很多哲学家会说，一只蝙蝠不会有什么感觉，因为他们认为动物不具备意识。感受到自我的存在是具备意识的基础，而很多研究者都认为人类有自我，其他动物却没有。塔夫茨大学的一位教授在书中提出，如果动物有意识的话，狗就会主动解开拴在栏杆上的绳子，海豚就会自己逃出渔网。（这位教授显然没看过"亲爱的艾比"①专栏的投稿。那些遭到丈夫家暴的妻子们为什么不离婚呢？那对夫妻为什么不能不去看没礼貌的亲戚呢？）

内格尔得出了和维特根斯坦类似的结论：我们无法得知蝙蝠的感受。毕竟蝙蝠基本上是通过回声定位来了解这个世界的，而我们没有这种能力，也没有办法想象拥有这种能力是什么感觉。那么，章鱼的灵魂和我们之间的距离是不是会更远呢？

但我还是想知道之前提出的那个问题的答案：身为一只章鱼是什么感觉？

当我们关心一个人的时候，就会问这样的问题。每次会面，每顿晚餐，每个秘密，每阵沉默，每次触碰，每个抬眼，我们都在试

---

① 美国记者宝莲·菲利普斯于 1956 年起，以"阿比盖尔·范·布伦"的笔名开设的报纸专栏，接受读者投稿并给出建议，在美国人气很高。

图靠近所爱之人的心灵。

　　"有一只章鱼幼崽要从太平洋西北部搬到波士顿来了。"又过了几天，斯科特给我写了另一封邮件，"有空的话，可以来跟它握（八）个手。"

　　在斯科特的邀请之下，我即将跨越五亿年进化的鸿沟，真正和一只章鱼成为朋友。

第二章

奥克塔维亚

不可思议的事情发生了：动物们会做梦，能品尝出疼痛

"你好呀，美人儿！"我和威尔逊并排站在水箱顶部的台阶上，俯下身子向新来的章鱼朋友打招呼。我还没正式和它见过面，但之前在公共展览区的惊鸿一瞥已经让我感受到它的美丽。我简直迫不及待要见见它。它的体形比雅典娜更为娇小，头部只有柑橘那么大，深棕色的皮肤凹凸不平。现在，它正用白色的吸盘把自己整个贴在玻璃上。它最大的吸盘直径还不到 3 厘米，最小的比铅笔点出来的点还要小。它银色的眼睛躲在腕足组成的屏障背后，正偷偷看着我们。

"它叫什么？"我回头大声问身后的比尔。他正在另外一个水箱边为临时居住的钩吻杜父鱼调试过滤器。这种鱼有着突出的眼睛，长得有点儿像波士顿犬。

"它叫奥克塔维亚。"比尔在抽水机和过滤器的嘈杂机械声中向我喊道。来参观水族馆的一个小女孩给它取了这个名字，比尔觉得这个名字很好。

奥克塔维亚是在野外捕获的，它来自加拿大的不列颠哥伦比亚省。水族馆花了大价钱，用快递把它一路运了回来，运输费用比买下它的价格还高。几周前它就到水族馆了，但我一直等到现在才见它，因为它需要一段时间来适应新环境。

今天和我一起来的还有我的朋友莉兹·托马斯，她是一名作家兼人类学家。和我一样，她也对加拿大作家法利·莫厄特笔下的"其他生灵"非常着迷。20 世纪 50 年代，十几岁的莉兹跟随父母，和纳米比亚土著布须曼人一起生活。此后的六十年，她一直致力于写作与动物相关的非虚构作品，讲述狮子、大象、老虎、鹿、狼和狗的生活，此外还出版了两部旧石器时代背景的小说。她这次来，也想摸一摸章鱼。

威尔逊试图用食物将奥克塔维亚引过来。他用长柄夹子夹着一只鱿鱼伸过去，但它兴趣不大，动都没动。

"漂亮的小姑娘，过来看我们一眼吧！"虽然对一只连耳朵都没有的无脊椎动物说出这样的请求很奇怪，但我就是忍不住想要跟它说话，就像跟狗、猫说话一样。威尔逊晃动手上的鱿鱼，让它的腕足仿佛活过来一样在水中浮动，也让它的味道传得更远。奥克塔维亚的皮肤和吸盘肯定能够感受到它的味道，但它就是对这份食物不屑一顾，也不愿理睬我们。

"我们过会儿再试吧。"威尔逊说，"说不定它就改变主意了呢。"

威尔逊和比尔去忙别的事了，我便和莉兹一起去了巨型海洋水箱周围的环形坡道。在水箱的下层，电光蓝色的光鳃鱼和颜色艳丽的黄尾蓝魔在玻璃纤维做成的珊瑚礁之间来回穿梭；黄敏尾笛鲷像商场里一群十几岁的孩子一样，成群结队地游来游去。往上走，可以看到鳐鱼挥着软骨质的"翅膀"，悠哉地漂过，而它们的近亲鲨鱼则有力扭动着身体，游向某个方向，仿佛要去办什么急事。巨型海龟挥动斑驳的鳍状肢划开海水，自在遨游。一只名叫桃金娘的绿海龟是水族馆的元老，也是大家的最爱。它重约 249 千克，被称为"巨型海洋水箱的女王"。水族馆开放一周年的时候它就住了进来，从此所向披靡。连鲨鱼也不是它的对手，从鲨鱼的尖牙之下夺走鱿鱼对它来说是家常便饭。一代又一代的小朋友都非常喜欢这只亲人又大胆的海龟：它会径直游到玻璃后面和你四目相对；它喜欢潜水员挠它的背（海龟的背壳上也有神经末梢）；它还会枕在它最爱的饲养员雪莉·弗洛伊德·卡特的大腿上睡觉，让雪莉轻轻拍它的头。桃金娘甚至有自己的社交网站账号，每天都能获得一千多点赞。

桃金娘有 80 多岁了（如果数据准确的话，那它还能活很久，现在学步的儿童长大后带自己的孩子来水族馆，都还能看到它）。前不久，已是高龄的桃金娘参与了一项研究。研究结果表明，上了年纪的两栖类动物也能够习得新的本领。研究人员在桃金娘面前设置了三个平台，两边的平台分别放了一个喇叭，中间的平台放的则是一个灯箱。如果灯箱里的灯亮了，桃金娘就会用鳍状肢触碰中间的灯箱。如果灯亮的时候喇叭响了，它就需要判断声音是从哪边的喇叭传出来的，并用鳍状肢触碰发出声音的喇叭。这可不仅仅是个游戏，而是一项复杂的任务，因为这不光要求它对指令做出反应，还需要它自己做出判断。

"想想海龟活了八十年所拥有的阅历，好像也不奇怪。"莉兹评价道。这时桃金娘正好从我们身边游过。在很多人的印象里，海龟都是一种缓慢迟钝的动物，但实际上绿海龟赶路时的速度可以达到每小时 32 千米。现在桃金娘正游向水箱的顶部，因为有潜水员带着食物过来了。"球芽甘蓝是桃金娘最喜欢吃的蔬菜。"潜水员对游客们说。但是，桃金娘的脑子里可不是只有食物。"它似乎真的对我们人类做的事情很感兴趣，即便我们手上没有食物。"雪莉说，"它对水箱里的任何风吹草动都很好奇，几乎到了有点多管闲事的地步。只要有人出现在平台上，它都要游上来看个究竟，有的时候我不得不把它推开。"水族馆有时需要在晚上拍宣传片，或者借出去当拍摄场地，这时候就需要专门安排一个工作人员负责吸引桃金娘的注意力，不然它肯定会入镜。不过，这种方法也只能留住它一会儿。大概一分半钟之后，它就会游到拍摄区域凑热闹。

我们继续往上走，回到冷水区，再次尝试引出奥克塔维亚，但这次它还是不理我们。我开始猜测背后的原因。为什么它不肯过来看看我们呢？

"每个人都是不同的。"威尔逊提醒我们，"人人都有不同的个性，就连龙虾也有自己的性格。你在这里再等等，待久了就知道我在说什么了。"

我已经能看出来，奥克塔维亚和雅典娜是完全不同的两只章鱼。威尔逊也告诉过我，奥克塔维亚的情况有点特殊。

雅典娜的死让所有人都措手不及。一般来说，章鱼会显现出一些衰老的特征——长出白斑、食欲下降、日渐消瘦，然后水族馆就会重新买一只章鱼。小章鱼会先养在非展览区，等到原来的章鱼死去，展览水箱空出来，小章鱼也就不怕人了，可以展出了。"在水族馆长大的章鱼都很亲人。"威尔逊说，"它们很爱玩，就像小猫小狗一样。"

但这次，水族馆没时间等小章鱼长大了。雅典娜死后，他们立刻就要展出另外一只章鱼来填补空缺。"水族馆没有章鱼，就像葡萄干布丁里没有葡萄干。"维多利亚时期的英国博物学家兼布莱顿水族馆馆长亨利·李曾经这样评价道。于是，比尔从供货商那里订了一只生长潜力巨大、大到足够惊艳公众的新章鱼。

奥克塔维亚现在可能已经有两岁半了。它是在野外长大的，所以还不习惯面对这么多人。比尔给我科普过，北太平洋巨型章鱼一般不需要圈养，因为它们的野外种群数量还是比较多的。

威尔逊最后又试了一次。他把鱿鱼伸到奥克塔维亚面前，一条腕足试探性地伸了过来。

"莉兹！你快碰碰它！"我赶紧喊莉兹，这种互动的机会稍纵即逝。我的朋友登上三级台阶，来到水箱顶部，弯下腰，伸出食指去碰奥克塔维亚藤蔓一样的腕足尖端。这个场景让我想起了西斯廷教堂的穹顶壁画《创造亚当》。

他们的接触只持续了短短的一瞬间。莉兹摸到了奥克塔维亚纤细光滑的腕足尖背部，奥克塔维亚也转过腕足，用小小的吸盘谨慎地尝了一下她的皮肤。

然后，他们同时警惕地把手缩了回来。

当然，莉兹并不是害怕动物，她什么都不怕。大概三十年前，我们认识的第一天，我带她看我养的雪貂，她就被一只雪貂狠狠地咬了一口，手上出血了。

"实在不好意思。"我立刻道歉。

"没事，我完全不介意。"莉兹说。她是真心觉得没关系。她在北极和狼群独处过好几天，在乌干达被豹子跟踪过。在纳米比亚，有一只鬣狗把头伸进他们住的帐篷里——这种动物会咬掉熟睡的人的鼻子。面对这嗜血成性的肉食动物，她唯一的反应居然只是问它："怎么了？"仿佛只是看到朋友站在卧室门口。但是，莉兹说奥克塔维亚的触感"让她发自肺腑地感到惊奇"。这唤起了她本能的自我保护反应，不自觉地把手缩了回去。

那奥克塔维亚为什么会对莉兹如此警惕呢? 我并不能断言背后的原因。不过,莉兹是个大烟枪,一天能抽一包烟,而奥克塔维亚有着极度敏锐的感官,也许它用吸盘里的化学感受器尝出了莉兹皮肤上甚至血液里的尼古丁的味道。尼古丁有驱虫效果,对很多无脊椎动物也是有毒的。但也有可能,奥克塔维亚就是觉得莉兹的指尖尝起来很恶心。希望它不会因此认为所有人类都是这个讨厌的味道。

★★★

第二次去看奥克塔维亚的时候,我右手拿着一只死鱿鱼,伸进冰冷的水里来回摆动,一直坚持到手抽筋,然后又换成左手。但直到我的左手也冻僵了,奥克塔维亚还是躲在水箱的另一边,连腕足都不肯动一下。

这天是周五,威尔逊不在水族馆里。我跑到楼下,这样能更清楚地看到奥克塔维亚。岩石巢穴里光线昏暗,我几乎看不见它,只模糊辨认出它的皮肤呈现深棕色,凹凸不平。大多数章鱼都是夜行性动物,北太平洋巨型章鱼也不例外,所以水箱的照明灯不是很亮,平添了一丝静谧幽深的气息。和它同住一个水箱的伙伴并不多:那只向日葵海星、大概四十只玫瑰海葵、一只蝙蝠海星和一只革海星,全都静静地待在自己的位置上。向日葵海星的几千条管足牢牢地抓住岩石,所以它通常会待在同一个地方,就在章鱼巢穴的对面。这是个好位置,能轻松地抓到饲养员投进来的鱼。在加速的情况下,向日葵海星能够以每分钟 0.9 米的速度冲向扔进来的饲料。不过,即便向日葵海星没有大脑，它似乎也知道这个速度比不过章鱼。

海葵的触手在水中轻轻摇曳，如同微风中的花瓣。虽然海葵看起来像植物，但它们其实和奥克塔维亚、海星们一样，是正经的掠食性无脊椎动物。不过从分类上来说，海葵和珊瑚、水母的关系更近。海葵通过基盘把自己固着在海底，同时用触手上的刺丝囊分泌毒液，捕猎小鱼小虾。

在奥克塔维亚的水箱里，还能看见两只闷闷不乐的狼鳗和几种长着带毒尖刺背鳍的大型岩鱼，不过它和这些鱼其实并不在一起。在野外，这几种动物共同生活在北太平洋；但在这里，工作人员为了避免它们互相残杀，用玻璃把章鱼和其他几种鱼隔开了。章鱼的水箱很昏暗，而狼鳗那一侧的水箱灯光更亮，所以来参观的游客既可以从狼鳗一侧窥探野生章鱼的阴暗巢穴，又可以从章鱼的巢穴望见另一边的开阔海域。

我一直在等奥克塔维亚动一动身体——等它扭动腕足尖，等它转动眼珠看我们一眼，等它改变颜色。但是，它仍然一动不动，腕足向上弯，护住头部，呼吸也是不动声色，连鳃里面的白色部分都不怎么露出来。它可能正在观察我们，但它狭长的瞳孔没有透露出一丝信息。

斯科特迫切地想要给我看一些会动的动物，于是把我领到了他负责的淡水区，那里有他最喜欢的电鳗展示水箱。这可是他的得意之作，也确实没有让人失望。虽然电鳗长得不好看、不讨喜，也没有鲜艳的色彩（"看它还不如看自己的便便。"斯科特如是说），但电鳗区依然成了水族馆里最受欢迎的展区之一，原因就在于水箱布置

章鱼的灵魂 ｜ 走进章鱼的奇妙意识世界

得非常贴近自然。斯科特曾多次去往亚马孙河，并在那里参与开创了非营利性的项目"野鱼计划"，推动观赏渔业的可持续发展。他对野生电鳗的栖息环境非常熟悉，在水族馆水箱里也布置了很多来自亚马孙河流域的活体水生植物。电鳗很喜欢躲藏在这些植物之间，但是这也带来了一个问题：来参观的游客看不到电鳗了。"电鳗往水草里一躲，游客永远也找不到它。"斯科特说。于是，他想出了一个办法：训练这只电鳗。

斯科特仅仅花了几个星期就教会了电鳗一个完全不符合它本能的举动：离开安全舒适的水草，游到众目睽睽之下。为了达成训练的目标，斯科特首先设计了一个装置，并将其命名为"虫饵投放器"。

他在电鳗水箱的上方吊了一个厨房里用的普通漏斗，下面挂着"猴子桶①"里的那种塑料连环猴，再下面是一个可以转的电风扇。工作人员当着游客的面，把活蚯蚓放进漏斗里，它们就会顺着风扇慢慢落进水里。"电鳗不知道天堂的馈赠会在什么时刻降临，"斯科特解释道，"所以它会时不时出来转一转，以防万一。"不过这个发明也有一个缺陷：之前这个水箱里住着两只电鳗，但安了虫饵投放器之后，它们为了争夺食物就开始打架。现在，其中一只电鳗被"发配"到了斯科特办公桌旁边的大水箱里。

虫饵投放器还有许多妙用。有时候，斯科特会用它来控制人流。在游览高峰期，人群会聚集在水族馆一些特定的展区，这时淡水区的工作人员就会扔一把蚯蚓进去，把游客吸引到电鳗水箱来。这个

---

① 一款玩具。

展区还有别的法宝来引人注目：一块电压表，用来测量电鳗发出的脉冲；一个灯泡，装在水箱的一面板子上，由电鳗本身供电，可以展示电鳗是如何捕猎、电晕猎物的。这个装置非常直观，一下子就能把游客吸引过来。

这天早上，电鳗水箱前面只有我和斯科特。虽然斯科特才刚刚在投放器里放了一些虫子，但这条 0.9 米长、红棕色的电鳗又懒懒地不肯动了。我在想它是否只是在暗中观察，静观其变。"看看它的脸。"斯科特说，"它才没那么认真，只是在打瞌睡罢了。"一条虫子正好落在它的嘴边，但它依然一动不动。看来它就是吃完饭立刻睡着了。

这时，电压表突然动了。

"什么情况？"我问斯科特，"这只电鳗不是睡着了吗？"

"它确实睡着了。"斯科特回答道，然后我们都想到了电压表为什么会动。

这只电鳗在做梦。

梦对我们人类来说，是最孤独神秘的体验。普鲁塔克[1] 这样写道："当人们醒着的时候，人们都生活在同一个世界里；但当人们回到梦乡时，每个人都活在自己的世界里。"那么，动物的梦境对我们人类来说，又有多么遥不可及？

一直以来，人类赋予了"梦"崇高的地位。来自古希腊城邦底比斯的抒情诗人品达认为，人在做梦的时候，灵魂比醒着的时候更

---

[1] 古希腊历史学家，思想家。

加活跃。他相信，人在做梦的时候，灵魂才能被真正唤醒，而且能够看见未来，"获得喜怒哀乐的预感"。难怪人类很快就把做梦的特权据为己有，多年来研究者们一直声称只有高等动物会做梦。但是，养宠物的人都知道这是个谬论，因为小猫小狗睡觉的时候会呜呜叫或者轻轻抽搐。来自麻省理工学院的研究团队不仅证实了老鼠会做梦，还弄清楚了它们做梦的内容。老鼠在迷宫中执行特定的任务时，大脑中对应的神经元就会被激活。老鼠睡着之后，研究人员观察到，特定的神经元激活模式仍会反复出现，由此可以明显地看出这只老鼠梦到了迷宫里的哪个部分，梦里是在走还是在跑。老鼠做梦时，被激活的神经元位于大脑中与记忆有关的区域，这也进一步证实了一种说法，即梦的作用之一是帮助动物更好地记住学过的技能。

1972 年，科学家们进行了一项有关鸭嘴兽的研究。鸭嘴兽是一种原始的卵生哺乳动物，它们的先辈可以追溯到一亿多年前的早白垩世硬齿鸭嘴兽。当时的科学家在鸭嘴兽的大脑中找错了地方，于是误以为鸭嘴兽没有快速眼动睡眠（人类睡眠周期中做梦行为发生的阶段）。直到 1998 年，一项新的研究才重新证明了鸭嘴兽不仅有快速眼动期，而且一天中的快速眼动期长达八小时，比其他所有已知的哺乳动物都要长。

相比哺乳动物，我们对鱼类的研究少得可怜。不过我们至少知道，鱼类是会睡觉的，就连线虫和果蝇也会睡觉。2012 年的一项研究表明，如果在果蝇睡觉的时候频繁把它弄醒，那第二天它就会飞得很吃力，就像人失眠之后，第二天会很难集中精神。

我很喜欢迪伦·托马斯的一本书，每个圣诞节都会让丈夫读给我听。这位伟大的威尔士诗人把读者带进了书中的牛奶林小镇，它坐落在"缓慢流淌、昏暗黝黑、颠簸着渔船的海边"。入夜，所有的角色都进入了梦乡，此时读者就能跟随作者，进入一个更奇妙、迷人的世界。"在书外的你，"迪伦写道，"能够看见书中他们的梦境。"

根据荣格[①]的理论，如果你梦见一条鱼，那它就代表了从你内心隐秘的无意识海洋中萌生的新感悟。在这个平平无奇的早晨，我身处公共水族馆，周围是推着婴儿车的妈妈和吵闹的小孩，此时我的脑海中升腾的却不仅是感悟，更像是一种启示：我居然能够看见一条鱼的梦，看它在梦里追捕、攻击猎物。

★★★

我们回到了奥克塔维亚的水箱，斯科特用长柄的钳子夹住鱿鱼，直接把它伸到奥克塔维亚的面前。这回，它把鱿鱼和钳子一起抓住了。我跑上台阶，跑得太快，以至于不小心撞到了脚趾。到了水箱顶部，我立刻把两条胳膊都伸进了水里。这时，奥克塔维亚放开了鱿鱼，它想要的其实是钳子，还有我的手。只见它用几百只吸盘牢牢吸住水箱玻璃，另外几条腕足抓着钳子，又腾出三条腕足缠上了我的左臂，还有一条攀上我的右臂，然后开始使劲拽我。

奥克塔维亚隆起的红色皮肤表明它现在很兴奋。它吸得非常用

---

① 瑞士心理学家、精神科医师，分析心理学的创始人。

力，我感觉自己血管里的血液都被吸到了皮肤表面。我想要摸摸它，但手被它牢牢抓住，完全动不了。它依然和我保持着一定的距离，但至少现在，我能看清它的头了。从这个距离看，它的头大约有哈密瓜那么大，每条腕足至少有 0.9 米长。看来从第一次见面到现在的这段时间里，它长大了不少。北太平洋巨型章鱼能够非常迅速地将食物吸收转化为身体的一部分，这种生长速度在食肉动物中非常快。一开始，北太平洋巨型章鱼的卵只有米粒那么大，重量只有十分之三克。然后，它们就能在三四年的时间里，长到五六十千克。

另一边，斯科特开始用力拉住钳子的柄，防止奥克塔维亚把我拉进水箱，但我最终还是在这场拔河比赛中败下阵来。我根本赢不了它。从表面上看，一个 53 岁、身高 1.65 米、体重 56.7 千克的成年女性在这场比赛中的赢面还是比较大的。但实际上，我根本没有足够的上半身力量来和奥克塔维亚的肌肉抗衡。它的肌肉仿佛经过流体静力学的精心设计，由纵向、斜纹状和辐射状的肌肉纤维组成，其结构更接近于我们舌头的肌肉，而非手臂上的二头肌。它能把腕足撑成一条硬棒，也能将它的长度缩短到原来的 30%~50%。有研究估计，章鱼腕足上的肌肉可以对抗自身一百倍的重量。这样算来，奥克塔维亚能够抗衡将近 1.8 吨的重量。

虽说章鱼通常比较温和，但以前也有过章鱼致人溺亡或差点致人溺亡的记录。英国传教士威廉·怀亚特·吉尔在南太平洋的波利尼西亚群岛生活了二十年。那里的章鱼体形比北太平洋巨型章鱼要小很多，但是它们的力量依然可以轻松超过年富力强的男性。吉尔写道："没有一个波利尼西亚人会质疑章鱼的危险性。"他还记录过这样的事件：一个捕章鱼的男人整张脸被章鱼包住，差点窒息而死。幸好他儿子在他浮出水面时及时发现，他才捡回一条命。

还有一条记录来自一个叫诺里的人，他在新西兰附近的海域和毛利人一起涉水捕龙虾。突然，一位同伴出事了。这位同伴"一边尖叫，一边试图逃脱某种迅速抓住他的东西。我们赶紧过去帮他，发现他正和一只小章鱼搏斗"。诺里告诉写下这段记录的弗兰克·莱恩，虽然这只章鱼只有76.2厘米长，但如果同伴没有来帮这个人的话，他肯定摆脱不了章鱼，会被它拖下水淹死。

现在，奥克塔维亚只动用了全身一小部分的力量。和它的真实实力相比，这只是过家家罢了。我甚至不觉得自己在遭受它的攻击，而是正在被它审视。

它就这样抓着我，可能有一分钟，也可能是五分钟。总之在一段感觉很漫长的时间过后，它突然同时放下了我的手和钳子，从我们身边游走了。

它游回自己的巢穴。"哇哦！"我不禁感叹道，"真是太神奇了。"

"我刚才真是用尽了全力！"斯科特也发出了感叹，"我都害怕它要是把你拉下去，我得拉住你的膝盖才能把你弄上来。"

刚才，在我和奥克塔维亚之间究竟发生了什么呢？它又在想什么？很明显，它刚才并不饿，否则就会直接吃掉那只鱿鱼了。我认为它也没有觉得害怕或是生气，因为我通常能隐约感受到哺乳动物和鸟类身上类似的情绪，不过不知道运用在软体动物身上是否准确。但我和斯科特一致认为，这次会面的氛围和我第一次与雅典娜见面的那种轻松愉快的氛围完全不一样。"奥克塔维亚的行为可能是在

章鱼的灵魂 | 走进章鱼的奇妙意识世界

宣示主权。"斯科特说。也许是因为它想要那个钳子，于是推断我想跟它抢（当然我并不想抢钳子，不过它的推测也是合理的）。我又想到了另外一种可能性：我跑上楼梯的时候撞到了脚趾，这时我体内的化学物质就变了，与疼痛相关的神经递质传遍了我全身。能够品尝出代表疼痛的神经递质，对章鱼来说应该是一项实用技能，这样它就可以判断出猎物有没有受伤，从而找到更容易制服的猎物。今天早些时候，我就看见了一条鱼的梦境。那么现在，或许一只章鱼也品尝到了我的疼痛。

在这水下的领域，我推开了新世界的大门，见识了许多以前从未考虑过的可能性。

★★★

经常和章鱼接触的人都会有一些违反人类常识的见闻。

比如亚历克莎·沃伯顿就追过一只拳头大小的章鱼，当时这只章鱼正在地上跑。

没错，就是跑。"它来回跑，我在水箱下面到处追，就像追猫一样。"她说，"真是太怪了。"

亚历克莎·沃伯顿在佛蒙特州明德学院新建的章鱼实验室学习兽医学。在她看来，有的章鱼就是故意不配合它们工作，甚至千方百计地捣蛋。比如，他们要用章鱼做 T 迷宫实验[①]，那就需要提前用

――――――――
[①] 一种经典的行为实验，用于研究动物学习、记忆和空间导航等认知功能。在 T 迷宫实验中，小鼠或其他实验动物需要学会记忆和选择正确的迷宫路径，以获取奖励或避免惩罚。

捕捞网从水箱里舀出一只章鱼，把它转移到水桶里。但是，章鱼会躲起来，挤进角落里，或者抓住水箱里的东西不放手。有的章鱼倒是肯进捕捞网，但也只是为了把网当成蹦床。它们会像杂技演员一样，从网子上蹦起来，跳到地上，然后逃之夭夭。

亚历克莎说，和章鱼这种无脊椎动物一起工作给人一种"很不真实"的感觉。这间小小的实验室是由保洁间改的，她和同学们就在这里研究两种不同的章鱼：体形较小的加勒比侏儒章鱼和体形大一些的加州双斑章鱼。后者的外套膜长达 17.8 厘米，腕足长度可达58.4 厘米。"它们力气可真是太大了。"她说，"这种章鱼只有我手那么小，力气却跟我一样大。"

实验室 1500 升的水箱配有一个加重的盖子。水箱被分割成单独的隔间，每只章鱼各占一间，但章鱼还是会逃走。它们会从盖子下面的缝里挤出来，有时候也会在逃跑过程中丧命。学生们把隔板钉在水箱底部，但章鱼依然能在隔板底下挖出一个通道，溜进隔壁间，把邻居吃掉。还有章鱼会在水箱里交配，这对做实验来说也是一场灾难。交配之后，雄性章鱼不久就会死亡，雌性章鱼会躲起来产卵，不肯走迷宫。卵孵出来之后，雌性章鱼也会死亡。

比强大的肌肉力量更让人印象深刻的，是每只章鱼独特的意志和个性。学生们本该在论文里用编号来称呼每只章鱼，但最后他们都给章鱼起了名字：喷射气流、玛莎、格特鲁德、亨利、鲍勃。有的章鱼很友好亲人，亚历克莎说："它们会把腕足从水里伸出来，就像小狗跳起来迎接你一样，或者说像个小孩一样要你把它举高高。"有一只名叫克米特的章鱼就很喜欢让亚历克莎摸它，还会耸起

"肩膀",紧紧贴住她的手掌——即使章鱼根本没有肩膀。

还有一些章鱼脾气很暴躁。有一只加勒比侏儒章鱼是出了名的刺儿头,所以大家都叫它"泼妇"。"把它抓出来走迷宫要花二十分钟。"亚历克莎说。这只章鱼每次都会抓住水箱里的东西,不肯放手。

还有一只叫温迪的章鱼也搞出过一些事情。这只章鱼是亚历克莎论文答辩时展示用的。答辩很正式,还得录像,亚历克莎为此穿了一套很好的正装。结果摄像头一开,温迪就开始往亚历克莎身上喷水,然后跑到水箱底部,藏进沙子里,再也不肯出来了。亚历克莎确信,温迪一定是知道了马上要发生什么,但就是不想配合,所以才故意搞出了这场事故。

"温迪,"亚历克莎说,"就是不喜欢进捕捞网。"

亚历克莎的实验数据显示,加州双斑章鱼学东西特别快,不过她在实验中的收获可不光是可以发表在权威期刊上的文章。"它们的好奇心真的很旺盛。"她告诉我,"它们想要弄清楚身边发生的一切事情。这只是个无脊椎动物啊!一般来说,这种动物不是应该很单纯吗?"

"其实我们不懂这种动物。"她继续说,"我们应该设计一种真正能够反映它们所思所想的迷宫。目前,我们对它们的了解根本不足以支撑对它们的研究,或许迷宫这种研究手段也并不适合它们。科学研究也是有局限的。我明明知道它们在看着我,在关注我的一举一动,但我很难证明它们有这么高的智商。在这世界上,再没有比章鱼更加奇怪的动物了。"

***

"奥克塔维亚差点把我拉进水箱"事件一周后，我又来到了水族馆。

全国性环保广播节目《生活在地球上》的朋友们读了我给《猎户座》杂志写的一篇文章。受文章启发，他们计划邀请我录制一期有关章鱼智力的节目，还想和奥克塔维亚互动，但我也不知道要怎么跟他们讲奥克塔维亚的情况。

于是，我提前去找了斯科特、威尔逊和比尔。奥克塔维亚会怎么接待我的这些朋友们呢？八年间照顾过五只章鱼的资深水族馆员工比尔这样描述过奥克塔维亚的个性："冷淡又好斗。"

"这只章鱼，"威尔逊也附和，"是个不好相处的家伙。"据威尔逊说，它和别的章鱼完全不同。他试图跟它互动，但有一半的时候奥克塔维亚完全不搭理他。

奥克塔维亚还有另外一点也和威尔逊见过的其他章鱼不同：它会伪装。之前的章鱼来到水族馆的时候都是幼崽，成年之前养在非展览区的水箱或者水桶里。它们的住处什么也没有——没有可以藏的地方，没有石头沙子，也没有同住的伙伴。它们虽然可以变颜色，比如兴奋时变红，平静时变白或是棕白夹杂的颜色，但是它们不会根据环境变出伪装色，因为没什么东西可以模仿。威尔逊还注意到，这些章鱼在搬到展览水箱之后，依然不会根据环境伪装自己。

而奥克塔维亚就会。

章鱼和它们的一些近亲都有变色伪装的能力，并且速度和花样无人能敌，变色龙和它们相比简直是小巫见大巫。大多数变色动物都只掌握了区区几种固定的花色，而头足类家族就厉害多了，其中有些个体能变出几十种不同的图案。它们能在七分之一秒内改变颜色、花纹甚至皮肤的质地。有研究者在太平洋的一处珊瑚礁上，见到过一只章鱼在一个小时内改变了177次颜色。在伍兹霍尔海洋研究所，研究人员把头足类动物放在黑白方格的棋盘上，结果它们看起来几乎消失了。当然，这些动物并不能变成方格，只是可以变出明暗相间的图案，融入任何背景，让任何人看上去都觉得它们近乎隐形。

伍兹霍尔海洋研究所的研究员罗杰·安隆说，这些能够变色的头足纲动物的皮肤非常神奇，令人惊叹不已。章鱼的表皮下有三层不同类型的细胞，每种都能独立控制，这就是章鱼的"调色板"。最里面一层是白色层，可以被动地反射背景光，这一过程似乎没有肌肉和神经参与其中。中间一层叫做虹彩层，含有小小的彩虹色素细胞，每个色素细胞直径只有100微米。这些细胞也会反射光线，包括偏振光（人类看不见偏振光，但章鱼的许多天敌，比如鸟类，就可以看见）。彩虹色素细胞可以让章鱼的皮肤呈现出带金属光泽的绿色、蓝色、金色和粉色。一部分彩虹色素细胞是被动显色的，另一部分则由神经系统控制——这部分彩虹色素细胞与乙酰胆碱这种神经递质相关联。乙酰胆碱是动物体内发现的第一种神经递质，它能够激活肌肉。在人体内，它在记忆、学习和快速眼动睡眠等活动中发挥重要作用；在章鱼体内，大部分乙酰胆碱负责激活绿色和蓝色，少部分负责制造粉色和金色。最上面一层是色素层，包括黄色、红色、棕色和黑色色素细胞。这些色素细胞装在伸缩性很强的色素囊里，只要控制色素囊的开关，就可以调整色素用量的多少。比如说，模仿眼睛的形状，就需要动用 500 万个色素细胞（章鱼可以变出不同的眼睛形状，包括条状、星形，以及绑匪面具上的眼睛形状）。通过一连串神经和肌肉的联合作用，章鱼能够自如地操控每一个色素细胞。

除了吸盘、虹吸管和外套膜开口处，章鱼身体的每一个部分都能变出点状、条纹状和色块状的图案，从而融入周围的环境，迷惑天敌或猎物。它们甚至能够在皮肤上上演一场"灯光秀"。比如，章鱼能够呈现出一种不断流动的图案，研究者们把它称为"流云"，因为它就像一片乌云掠过海底，让静止不动的章鱼看起来正在游动。当然，章鱼还能够放松和收缩皮肤上被称为乳突的微小突起，并改变它的形状和姿态，从而自由操控皮肤呈现出的肌理。居住在大西洋浅水沙地里的长臂章鱼更是个中高手，网上有视频记录了它的万般变化：通过改变身体的姿态、颜色和皮肤质地，它先变成比目鱼，再变成几种海蛇，最后又变成有毒的狮子鱼，而这些变化全部发生在几秒钟之内。

至今并没有研究表明章鱼的这些伪装变化完全是本能反应。章鱼首先要根据周围环境，有意识地选择目标图案，然后模拟出这种图案，最后再评估模拟的效果。如果模拟得不好，还得重新变。奥克塔维亚的伪装能力比水族馆以前的章鱼都要强，这是因为它在野外生活的时间更长。与捕食者、猎物打交道，让它学会了这项技能。

这其实更能证明章鱼那种陌生的、独属于无脊椎动物的智慧。但我担心的是，来录广播节目的那些朋友根本没有机会一睹奥克塔维亚智慧的火花，只能看到它将松松垮垮的身体藏在自己的巢穴里。"如果它不肯出来的话，"威尔逊提醒我，"那也别勉强了。"

因此，录节目的那个下午，对于比尔打开水箱后发生的事情，我是毫无准备的。节目主持人史蒂夫·科伍德、制片人还有音响团队全部准备就绪，威尔逊从放在水箱边上的塑料桶里钓了一条毛鳞鱼出来。奥克塔维亚立刻激动地冲了上来——这回不只是伸出一两条腕足，而是整个儿冲向威尔逊。它把头露出水面，这样就可以看到我们的脸。它直直盯着我们的眼睛，然后接过了毛鳞鱼。它一边把鱼往嘴里送，一边把三条腕足伸出水面，用腕足根部的大吸盘抓住了威尔逊没拿东西的那只手。我把手伸进水里，它也抓住了我。一条、两条、三条腕足，攀上了我的手。我能感觉到吸盘轻柔的吮吸，但这次它没有拽我。

"史蒂夫，来见见奥克塔维亚。"比尔邀请史蒂夫把手伸进水里，让奥克塔维亚也摸摸他。"把袖子卷起来，把手表摘掉。"比尔引导他做准备，"我们总是开玩笑说章鱼手脚不干净，它们可能会在你不注意的时候，把你的戒指或者手表偷走。不过反过来说，我们也是担心手上锋利的饰品会伤到它们。"

史蒂夫一一照做，然后把手伸进水里。奥克塔维亚伸出一条腕足来品尝史蒂夫的手。

"啊！"史蒂夫喊道，"它吸住我了，就在这儿！"

威尔逊又给奥克塔维亚递了一条毛鳞鱼。

"啊，我能摸到它的吸盘。"史蒂夫说。比尔介绍说，奥克塔维亚可以单独控制每个吸盘。"哇！"史蒂夫赞叹道，"那它肯定很适合弹钢琴。你们能想象出那种场景吗？"

我们完全沉浸在惊叹的情绪中：吸盘吮吸皮肤的奇妙触感，千变万化的皮肤颜色，食物在腕足吸盘上传递的过程，柔而无骨的腕足堪称杂技般的表演……我们六个人围着它看，三个人的手都在水箱里，谁也没有察觉接下来发生的事情：它就在我们的眼皮底下，把水箱边上那桶毛鳞鱼给偷走了！它就这样一边用最大最有力的吸盘顺走了塑料桶，一边用其他吸盘触摸着威尔逊、史蒂夫和我。

不过，它想要的其实不是那些鱼。鱼依然在桶里面。它面对着的是桶底，而不是桶的内部。它用腕间膜覆盖住塑料桶，仿佛一只鹰把猎物藏在翅膀下面。就像上个星期它从斯科特手里抢走了夹食物的钳子一样，它感兴趣的其实不是食物，而是餐具。

很显然，我们六个人对它来说没那么有意思，不足以完全占据它活跃的注意力。在家庭宴会上，有的客人会一边发短信、发邮件，一边吃东西、跟人聊天。这种人会显得心不在焉，而奥克塔维亚同时做几件事却完全不会走神，它能够同时专注于多项任务。这种能力让我们非常震惊，因为我们当时只做了一件简单的事就耗费了全部的注意力：摸着眼前的章鱼，看着它做出上面那一连串动作。

"如果说章鱼都这么聪明了，"史蒂夫问比尔，"那么我们一直认为并不具备意识、个性和记忆的其他动物，是不是也像章鱼这么聪明呢？"

"问得真好。"比尔回答道，"海洋之大，无奇不有。谁知道海里还有什么神奇的动物呢？"

★★★

章鱼有着对于无脊椎动物而言非常大的大脑。奥克塔维亚的大脑有核桃大小，和非洲灰鹦鹉差不多。艾琳·佩珀伯格博士训练过一只名叫亚历克斯的非洲灰鹦鹉，它能够合理地运用一百个英语单词，理解形状、大小、材质等概念，能解数学题，还能问问题。它甚至会故意欺骗训练员，被戳穿之后还会道歉。

当然，大脑的尺寸并不代表一切。毕竟，计算机科技告诉我们，高端的技术也可以压缩到微小的芯片里。所以，科学家们还会用另一种方法来评估脑力——计算神经元的数量，因为大脑主要是依靠神经元来处理信息的。在这种评估方式之下，章鱼的表现依然非常突出。普通章鱼有 5 亿个神经元，褐家鼠有 2 亿个，蛙类大概有 1600 万个，而与章鱼同为软体动物的淡水螺类最多只有 11000 个神经元。

人类的大脑里大约有 1000 亿个神经元，不过我们的大脑和章鱼的大脑并没有太多可比性。"既然火星人不可能自己出现在我们面前给我们研究，"芝加哥大学的神经科学家克里夫·拉格斯代尔说，"那研究头足纲动物也是一种有效的途径，来了解脊椎动物以外的生物是如何构建复杂、聪明的大脑的。"拉格斯代尔目前正在研究章鱼大脑中的神经回路，看看它的运作方式是否和人脑一样。

人脑分为四个脑叶，每片区域都有不同的功能。而章鱼的大脑，根据物种和计算方式的不同，可以分为 50~75 个脑叶。章鱼体内的大部分神经元甚至都不在大脑里，而是在腕足上。或许正因如此，章鱼才能同时处理这么多项任务：协调每一条腕足，改变身体的颜色和形状，学习、思考、决策、记忆，还要处理从每一寸皮肤上涌入的触觉和味觉信息流，理解那双几乎和人类一样发达的眼睛里映出的千奇百怪的景象……

我们的眼睛和大脑，以及章鱼的大脑，都是经过了不同的演化过程，才拥有了如今复杂精巧的结构。人类和章鱼有一个共同的祖先——一种原始的管状生物。它生活在非常遥远的远古时期，那时大脑和眼睛这些器官根本都还没有出现。不过，人类的眼睛和章鱼的眼睛有着惊人的相似之处。我们的眼睛都通过透明的角膜来折射光线，通过晶状体来调整焦距，通过虹膜控制进入眼睛的光线量，然后眼球后部的视网膜可以将光线转换成神经信号，供大脑处理。和我们不同的是，章鱼的眼睛能够看见偏振光，并且没有盲点（我们的视觉神经直接连到视网膜上，视觉神经在视网膜上汇集的地方就形成了盲点；而章鱼的视觉神经绕在视网膜外侧，所以没有生理盲点）。我们拥有双眼视觉，朝前看是为了看清前方，也就是我们通常的行进方向。章鱼的眼睛是广角的，这是为了拥有全景视觉。章鱼的每只眼睛都可以独立转动，就像变色龙的眼睛一样。我们的视线可以延伸到地平线以外，而章鱼只能看到大约 2.4 米远的地方。

除此之外，人类和章鱼的眼睛还有一个重要的差异。我们的眼睛里有三种视觉色素，通过视觉色素我们才能看见不同颜色。然而，章鱼只有一种。这种能够变出各种耀眼色彩的伪装大师，自己却看不见颜色，严格来说甚至是色盲。

那这样一来，章鱼到底是怎么决定要变成什么颜色的呢？新的证据表明，头足类动物可能可以通过皮肤来看见颜色。伍兹霍尔海洋研究所和华盛顿大学的研究者们近年发现，章鱼的近亲普通乌贼的皮肤组织含有一种通常只在视网膜中表达出来的基因序列。

章鱼是一种和我们完全不同的生物。评估这种生物的智力，就需要我们采用非常灵活的思维方式。海洋生物学家詹姆斯·伍德认为，是人类的傲慢阻挡了我们了解章鱼的脚步。他试图进行换位思考，用章鱼的思维来评判人类的智力水平。比如，奥克塔维亚可能会想："把你的手臂切下来，它在一秒之内能变出多少种颜色？"答案一目了然。奥克塔维亚也可以根据这个答案进行合理推断，并得出结论：人类真的很蠢，蠢到它可以在众目睽睽之下偷走一桶鱼。这种说法会让人类觉得羞愧难当。不过，也有其他学者提出过另外一种说法。公元 2 世纪，古罗马博物学家克劳狄乌斯·埃里亚努斯对章鱼做出了如下评价："很明显，这是一种擅长诡计和恶作剧的生物。"也许奥克塔维亚其实认可了我们的智商，而它偷桶只是为了享受打败我们的感觉。

★★★

那次和节目组一起去见奥克塔维亚是在秋冬之交。从那以后，每一次我去看它，它都会浮到水面跟我打招呼，迫不及待地抬起头来看我的脸，用吸盘品尝我的皮肤。有的时候我还会带朋友来，不仅是因为我特别想和朋友分享这种经历，也是为了看看奥克塔维亚在别的人面前会有什么反应。有一次，我带着我的朋友乔尔·格里克去看奥克塔维亚。他不抽烟，之前在卢旺达研究山地大猩猩，马上要去波多黎各研究当地引进的猕猴。奥克塔维亚热情地迎接了他。

十二月，我带来了凯莉·里滕豪斯。她是个高中毕业生，以后想成为作家。虽然我们之前没有见过面，但她读过我写的书，这次想来观摩我的工作，这是她们学校要求的实践活动。开车去波士顿的路上，我跟凯莉说，前两天我烫过头发，一些化学物质可能已经渗进了我的皮肤和血液，我担心奥克塔维亚感觉到这些化学物质之后就会不理我。

不过，奥克塔维亚还是立刻向我游了过来，迅速用吸盘缠住了我的两条手臂，斯科特还得不停地把它的吸盘从我手上扒下来。过了几分钟，它冷静了下来，于是我们让凯莉摸摸它。奥克塔维亚开始试探性地用一条腕足轻轻碰着凯莉的皮肤，然后……

铺天盖地的水！我卷起来的袖子、大腿部位的裤子瞬间全湿了。我看向凯莉——她深棕色的刘海、眼镜、鼻子都在滴水。奥克塔维亚喷了她一脸的水。

凯莉浑身湿透了，毛衣里面也全是水。我们走回车里，一路上冻得瑟瑟发抖，但凯莉脸上满是笑意。之后，她给我发邮件，说这一天"真的太棒了"。

★★★

　为什么奥克塔维亚要向凯莉喷水呢？我们都知道，章鱼会用虹吸管喷水，赶走不喜欢的东西。它们会喷水清理巢穴前面的食物残渣，或者用喷水的方式表达不满。20世纪50年代的一项研究章鱼学习行为的实验中，有一只章鱼需要拉下操纵杆来获得食物，但这只章鱼特别讨厌这根操纵杆，所以每次研究人员把操纵杆拿过来的时候，它都会朝他们喷水（最终它把这根操纵杆拉到了水箱隔板外面）。

　不过，章鱼朝人喷水，有的时候也只是为了跟人玩儿。这一推测的根据来自我之前写过的那个故事：新英格兰水族馆的志愿者总是被那只叫杜鲁门的章鱼喷一身水。那位志愿者看到了我写的那篇文章，然后告诉我，她很喜欢那篇文章，但是要纠正一点：杜鲁门并没有不喜欢她，他们是很好的朋友。她非常珍惜与杜鲁门在一起的时光，所以希望我也能明白这一点。

　我想，也许杜鲁门向她喷水的这种行为，就像是小男孩拽小女孩的辫子，或者是小朋友们在游泳池里互相泼水，都是表达喜爱的方式。可能章鱼们就是在跟人玩儿。

　后来，我又遇到了珍妮弗·马瑟和罗兰·安德森。

　珍妮弗是来自加拿大莱斯布里奇大学的心理学家，罗兰是来自西雅图水族馆的生物学家。他们都是研究章鱼智力领域的顶尖学者。他们在这一领域合作过，也各自研究过章鱼的思维、个性和问题解决能力，甚至还开发过章鱼性格测试，用十九种不同的行为指标评定章鱼是内向还是外向。

在测试章鱼的偏好时，罗兰团队有了重大的研究发现。他们在西雅图水族馆的非展览区域放置了八个水箱，每个水箱里都有一只章鱼，每只章鱼面前都放了一些空药瓶（罗兰发现，章鱼能打开防儿童开启的特殊瓶盖，而他们那儿连很多博士都不会开这种盖子）。"一部分药瓶上刷了白色的环氧树脂漆，另一部分刷了黑漆；有些药瓶上还粘了一层沙子。通过这些不同的瓶子，我们能看出每只章鱼喜欢浅色还是深色、粗糙还是光滑的材质。"这位高高瘦瘦、衣着整洁、留着银色小胡子的生物学家告诉我，"瓶子上面绑了石头，所以不会浮起来。测试前一天，我们没给章鱼喂食。在实验中，我们会观察章鱼对不同颜色和材质的反应。"

有一些章鱼抓起瓶子，探索一番，然后把瓶子扔掉了。还有几只用腕足尖握住瓶子，并没有把它拿到近处，仿佛在满腹狐疑地检查它。有两只章鱼的举动非常与众不同。它们向瓶子喷水，但这种喷水的方式罗兰之前从没见过。"它们喷出来的水柱不是很有力，不像喷它们讨厌的研究人员时的那种。"罗兰解释道，"这种喷水的力道是精心调整过的，正好可以把药瓶弹起来，绕着水箱转一圈又一圈。它足足喷了十六次水！"当这只章鱼喷到第十八次时，罗兰已经忍不住打了一个电话给珍妮弗，分享这个激动人心的消息："它这是在'拍皮球'呀！"

另外一只章鱼也是用类似的方法玩瓶子，不过它没有让瓶子在水箱里绕圈，而是把瓶子不断抛出水面。虹吸管这个原本用来呼吸和推动身体的器官，被这两只章鱼用来玩耍。

罗兰团队将这一研究成果发表于《比较心理学学报》。"它们表现出的所有特征都表明,这是一种玩耍行为。"罗兰告诉我。"只有高智商的动物才会有这种行为,"他强调说,"比如乌鸦、鹦鹉这些鸟类,猴子、猩猩这些灵长类,还有狗和人类。"

或许奥克塔维亚朝凯莉喷水、杜鲁门朝水族馆志愿者喷水,都是在跟人玩耍。珍妮弗曾经在夏威夷见过一只大蓝章鱼向头顶飞过的蝴蝶喷水,蝴蝶受到惊吓赶紧飞走了。也许这只章鱼不喜欢蝴蝶在它身上投下的影子,也有可能它只是在找乐子,就像小孩子会冲向广场上踱步的鸽子,看它们四散而飞的样子。

★★★

我和珍妮弗、罗兰、比尔一起参加了西雅图水族馆的章鱼研讨会。这次研讨会非常让人惊喜,也非常成功。会议快结束的时候,主办方已经在商量办下一届了。在西雅图水族馆高层的大会议室里,来自至少五个国家的六十五位章鱼爱好者们齐聚一堂。这些人里有享誉国际的研究者,也有业余的爱好者。他们聆听了章鱼专家们做的十场展示报告。罗兰的开场白之后,珍妮弗做了主旨演讲。她问:"在座有多少人自己养章鱼?"大约有五十个人举起了手。"你们养的章鱼有自己的个性吗?"就像市民大会上全票通过某项议程一样,所有人异口同声地回答道:"没错!"

在西雅图的第一晚,我和比尔还有珍妮弗共进晚餐。章鱼研究界的权威珍妮弗是个面色红润、满头银发的老太太,戴着学者常戴的粗框眼镜，脸上带着笑容。和我们一起吃饭的还有其他专家：来自阿拉斯加太平洋大学的教授、研究员大卫·谢尔，来自西北大学的进化生物学家盖里·加尔布雷斯，还有大卫的学生瑞贝卡·图森特。瑞贝卡即将在第二天的研讨会上宣布一项重大发现：基因检测显示，阿拉斯加海域中生活着至少两种不同的北太平洋巨型章鱼，其他海域或许也有它们的足迹。瑞贝卡指出，北太平洋巨型章鱼可以说是"章鱼的典型"。这是公共水族馆里最常展出的章鱼，普遍到每个去过水族馆的小孩都见过它们，然而这样一种章鱼居然有两个不同的分支。这再次证明了，我们对这种不可思议而又充满魅力的动物实在知之甚少。

这些章鱼专家们还喜欢谈论他们在海洋里看到的一些可怕动物。珍妮弗告诉我们，她在博内尔岛附近海域遇到过一种透明的、会刺人的水螅。"它们神出鬼没。你看不见它们，也不知道它们会出现在哪里。"她说。瑞贝卡也回忆了潜水时擦到火珊瑚的经历。"一开始没感觉到疼，"她说，"但上岸之后简直疼得生不如死。"

他们还讲了章鱼保罗的故事。保罗是德国奥博豪森水族馆的一只章鱼，连续七次成功预测了2010年世界杯的比赛结果。每场比赛前，工作人员都会在保罗面前放两个盒子，每个盒子里放了一只贻贝，盒子上贴着比赛双方的国旗。保罗选择的标准是什么呢？它又是如何做出如此精准的预测的？也许保罗只是选了自己喜欢的国旗图案，又或者它真的知道哪队会赢。

那晚，珍妮弗和大卫还商量着可以去实地调查大蓝章鱼的性格和对食物的偏好。他们说，我也可以跟着去。

★★★

那次章鱼研讨会之后，我又去看奥克塔维亚。这次，它轻轻地、稳稳地抓住了我，过了一个小时十五分钟都没有放手。我轻轻摸着它的头、腕足、腕间膜，完全沉浸在和它相处的时光里。它应该也很喜欢和我待在一起——显然我们都需要别人的陪伴，就像人类朋友也会因为重逢而激动不已。每次触碰、每次吮吸，我们都好像是许久不见的老友，不断兴奋地喊道："是你！是你！是你！"我们就这么互相牵着手，直到比尔和斯科特叫我放手，好让他们盖上盖子，跟我一起去吃午饭。

我的手已经冻僵了，但我还是不愿离开，尤其是在这个时间点——马上我要去给新书做巡回签售了，接下来的两个月都见不到它了。

虽然旅行对我来说是家常便饭，我也去过很多地方，但这一次我觉得格外恋家，不想上路。不仅是不愿离开家，更是不想和奥克塔维亚分别。

签售回来之后，我给比尔发邮件，问他我什么时候能去看奥克塔维亚。比尔给我回了一封言辞亲切的邮件，但也透露了令人担心的消息："奥克塔维亚逐渐上了年纪，所以可能会有点喜怒无常。它不一定会愿意出来见人，不过还是希望它能跟你打招呼……"

上了年纪？我有些难过。它会不会也像雅典娜那样骤然离世？

珍妮弗告诫我："章鱼活的时间长了，自然就会衰老。我不想用痴呆这个词，这个词带有人类的主观偏见，特指精神疾病，而且并不是每个上了年纪的人都会有这种症状。但章鱼不同，上了年纪的章鱼一定会有明显的衰老症状。"

明德学院的亚历克莎就目睹过章鱼的这些衰老症状。"它们会在水箱里绕圈，眼球变得突出。"她说，"它们不再会和你四目相对，也不会捕猎了。"实验室里有过一只年纪很大的章鱼，它爬到水箱外面，挤进墙缝里，就在那儿慢慢干枯，然后死去。

当北太平洋巨型章鱼这种体形较大的章鱼开始衰老时，所有这些症状都会更加明显。加拿大不列颠哥伦比亚省维多利亚市"太平洋海底公园"的潜水员詹姆斯·科斯格罗夫曾在游客面前遭到一只雄性北太平洋巨型章鱼的攻击。这是一家下沉式的水族馆。当游客走到海平面以下3.4米的地方，就会有潜水员把海洋动物带到展示玻璃前供游客观赏。科斯格罗夫在梯子旁边一个形如隧道的洞穴里，发现了这只章鱼。他一开始以为洞里有两只章鱼，但随着章鱼的腕足伸向他的氧气面罩，露出硕大的吸盘，他才发现这其实是一只体形巨大的章鱼。然后，这只章鱼就缠住了他。"那只章鱼拽着我，就像在拽一袋土豆，当时我唯一能做的只有用两只手死死抓住氧气瓶的出气阀。"他在《超级吸盘》这本书中写道，"这只章鱼非常大，腕足大概可以从展示玻璃伸到展示区的大门，这个距离大概是6.7米。"过了几周，这只章鱼就去世了。它整个身体的重量大概是71千克。科斯格罗夫认为，这只章鱼当时可能有些精神错乱。

不过，斯科特和比尔都没有碰到过水族馆里的章鱼变老了之后攻击人的情况。它们只会不搭理人，独自放空。第二天，我来到水族馆大厅，比尔告诉我奥克塔维亚目前就出现了这些症状。"大概三周之前，它的行为举止就变了。"他说，"一般来说，它都待在水箱的最顶层。但现在，它会坐在水箱底部，或者待在光线更亮的地方。它还会吃东西，但是会把食物带回角落里吃。有时候叫它，它也根本不上来，只是伸出一条腕足。每天早上，它的皮肤都是白的。一直以来它都以红色皮肤示人，但现在它褪色了，变得苍白无比。"

这一切都让比尔非常心痛。"它其实很亲人，很活跃。"他说出这些话，仿佛已经在哀悼它的离去。

奥克塔维亚开始出现衰老症状的前几天，几个联邦警察送过来一条之前没收的非法入境的银龙鱼。这是一种又长又粗、闪着银光的鱼，它们在亚洲被视为好运的象征，那里的水族馆都会养这种鱼。斯科特为了慰劳这些警察，就邀请他们和奥克塔维亚互动。它对其中一个警察表现出了特别的兴趣，八条腕足全部扒在他身上，然后开始拽他。"我看见那个警察的脸上露出了一丝慌张。"斯科特说。然后，他才想到这些警察身上应该都配了枪，所以奥克塔维亚可能是对这个新鲜玩意儿很好奇，于是伸手去够警察身上的枪。"这对它来说也算一种'丰容'了。"斯科特说。

"保险栓没开吧？"斯科特问那位警官，然后赶紧帮助他脱离了奥克塔维亚的腕足，"我们可不想看到明天的新闻标题是'警察脚部中弹，犯人是一只章鱼'。"

不久后，奥克塔维亚跟人互动的热情就渐渐消散了。我很想看看它，但又不忍心看到它衰老的样子。当然，我也见过我所爱之人行将就木的样子。我的一位朋友，以前以捕猎为生，后来成为了一位博物学家。他晚年中风，说话含糊不清，会激动地说一堆话，却意识不到别人听不懂他在说什么。但是，有一次我和丈夫去医院探望他的时候，他突然说出了一句清楚完整的话："那只鹿，一只雄鹿，我把它放走了。"莉兹·托马斯的母亲洛娜本来是个芭蕾舞演员，后来成了一名人类学家，活到了104岁。100岁时，哈佛大学出版社出版了她的第一本书。两年后，她就开始记不住别人的名字了。刚到103岁时，她忘记了我的名字，但还记得我是对她很重要的人，也会热情地和我问好。我养的第一条边牧在16岁的时候也出现了这样健忘的症状。它会在半夜把我和我丈夫弄醒，惊恐地吠叫，好像忘了身在何方，不知道这里是它家。我只好和它一起躺在地板上，不断抚摸亲吻它，直到它紧张的棕色眼睛恢复了神采，情绪稳定了下来。

在我提到的这些例子里，衰老健忘的人和动物都丢失了一部分灵魂。他们的自我是不是也随之消失了呢？自我消失了之后，他们又是谁？章鱼在经历生命的衰老阶段时，它们那七窍玲珑的内心又会发生怎样的变化？

"希望它能产卵，"往奥克塔维亚的水箱走的时候，比尔对我说，"这样它就能再多活六个月了。"即使它思维退化，风采不再，我们还是希望它能多陪我们一阵子，正如我对朋友和宠物的留恋不会因为他们逐渐衰朽的灵魂而改变。"我们看过奥克塔维亚之后，"比尔给我打气，"我有个惊喜要给你。"

比尔打开水箱盖子，用长柄钳子给奥克塔维亚递了一只虾。它伸过来一条腕足，吸盘朝上，然后又伸过来一条，最后整个身体靠到我们身边。它确实比之前苍白了很多。我伸手去摸它靠近腕足根部的大吸盘，它勉强轻轻地吸住了我的手。然后，比尔给它递了一条毛鳞鱼。水箱里那只海星感觉到有食物，也靠了过来。我把两只手都伸过去，奥克塔维亚用四条腕足抓住我的手，同时用另外的腕足把鱼往嘴里送。

比尔指给我看奥克塔维亚第二、第三腕足之间弧形的腕间膜，那上面有一部分的皮肤不仅发白，而且溃烂了。这部分看起来不像正常章鱼那天生属于水底的湿润、健康的皮肤，更像是被人无意中丢进水里的纸巾，已经泡烂了，随时都会分崩离析。奥克塔维亚好像在慢慢解体，碎成一片一片地离开这个世界。

我抬头，看到威尔逊从冷水区那湿漉漉的走廊上向我们走过来。我很开心，因为从十二月开始，我已经五个月没见过他了。这五个月对威尔逊和斯科特来说，是一段非常艰难的日子。

十二月，斯科特养的一条电鳗害死了他最爱的鱼——一条他从小养到大、陪伴他多年的龙鱼。这条电鳗常住的水箱需要清洗，于是它就被移到了非展览区的临时水箱。就在那里，它跳进隔壁水箱，电死了斯科特最爱的龙鱼，以及一条贵重的澳大利亚肺鱼。同月，威尔逊的背上动了大手术。

威尔逊还在恢复身体时，他的妻子——一位非常优秀、擅长冷幽默的社工，也被诊断出患有一种神经系统疾病。这种病会逐渐侵蚀她的身体和思维，而目前的医学既无法解释疾病背后的原理，也不能阻止疾病继续发展。

十二月以来，威尔逊只来过水族馆两次。在五月的这一天，他特地从马萨诸塞州列克星敦市的家里赶过来，就为了见我一面。他给了我一个大大的笑容，和一个热情的拥抱。

　　我本以为威尔逊的出场就是比尔给我的惊喜，但事实并非如此。

　　"好了，"威尔逊对我说，"你看过新的章鱼宝宝了吗？"

第三章

—

迦梨

—

海洋联结的情谊

章鱼经常会出现在一些出人意料的地方。一只北太平洋巨型章鱼就把废弃船只里的一条工装裤当成了临时住所，这条翻滚蠕动的裤子把一位潜水员吓到半死。它们也会出现在空海螺壳里，藏身于研究人员放置的小型测量仪器中。东太平洋红章鱼还特别喜欢待在半截儿啤酒瓶里。

　　即使对这些逸闻了然于心，我还是没想到会在水池中间的水桶里看到比尔说的新章鱼。

　　我们去看奥克塔维亚的路上其实正好路过了这个水池。水池里通常只有循环流动的海水，刚才路过的时候我也并没有注意到这个桶。它的容量大约有 208 升，顶部的螺旋盖紧紧盖着，侧面钻了很多直径不到 1 厘米的小孔，水池里的水可以流进去。在比尔看来，整个水族馆只有这么一个容器适合装体形娇小的北太平洋巨型章鱼幼崽而不让它跑出来。

　　它的头部和外套膜加起来只有一颗小葡萄柚那么大。我看到它深色的腕足尖从水桶的小孔里钻出来，纤细的尖部精密得像牙科仪器，仿佛挤牙膏一样从孔里伸出来。三个孔里钻出三条腕足，每条都有大概 15 厘米的部分露在外面——这时就能看出为什么孔的直径要小于 1 厘米了。"要是钻了 2 厘米的话，它就跑出来了。"钻下这些孔的威尔逊告诉我。

　　比尔两天前才确定它是一只雌性章鱼。判断章鱼的性别，要看它们的右边第三条腕足。一般情况下，如果这条腕足从上到下都有吸盘，那它就是雌性；如果有的部分没有吸盘，那这条腕足就是茎化腕，这只章鱼就是雄性。为什么过了这么久才能分辨性别呢？因

　　　　　　　　　　　　章鱼的灵魂 ｜ 走进章鱼的奇妙意识世界

为章鱼不一定愿意让你仔细看这条腕足，特别是雄性章鱼。它们会拼命保护好茎化腕的尖部，因为它们需要通过尖部把精包放进雌性章鱼体内（不过雄性章鱼并不是把精包放进雌性的"腿"之间，或者说腕足之间，因为那里的口器并不是受精的位置，受精的具体位置是雌性章鱼的外套膜开口。或者，按照亚里士多德的话说，雄性章鱼的一条腕足上"长着类似于阴茎的东西……这部分会伸进雌性章鱼的鼻腔"）。

比尔承认，刚知道它是个女孩时，他还是有些失望的。他其实更想要个男孩。"雌性章鱼可能会比较暴躁易怒，"他解释道，"而雄性章鱼的个性就随和很多。"他补充道："给雄性章鱼取名字也容易一点，弗兰克、斯蒂威、史蒂夫……给雄性章鱼取什么名字听上去都很有意思，给雌性章鱼取名字就麻烦多了。"他给自己负责的第一只章鱼取名桂妮薇儿，是因为当时在看《亚瑟王》的电影。

不过，这只小小的雌性章鱼现在已经俘获了比尔的心。一周前，它还是一只野生章鱼；而现在，当比尔拧开水桶的螺旋盖，它就已经浮在水面迎接我们了，清澈狭长的瞳孔好奇地盯着我们看。

"多可爱的小章鱼啊！"我不禁叫道。

"它很漂亮。"威尔逊也附和道。

"看来我们都很喜欢它。"比尔接着说。他已经笑得眼角都皱了。

和雅典娜、奥克塔维亚比起来，这只章鱼更加娇小。它比奥克塔维亚刚来的时候要小一半。虽然我们没有办法精确地算出章鱼的年龄（它们的生长速度受到包括水温在内的很多因素的影响），但比尔估计它可能只有几个月大——它的腕足还不到46厘米长。我想，它可能就是比较苗条。

我们刚打开盖子时，它的皮肤是巧克力一样浓郁的深棕色，只在头上有一块浅色的斑。看到我们，它的颜色变浅了一些，呈浅棕色夹杂着米黄色，浅色的条纹从眼睛延伸到"鼻子"的部位（如果它有"鼻子"的话），就像猎豹的"泪痕"。

很多因素会让章鱼变色。章鱼可能会变得和周围环境融为一体，让别的动物无法看见它们；也可能会模仿其他动物（比如不那么好吃的动物，或者更可怕的动物）。还有一些变化反映了章鱼的情绪，但我们并不清楚章鱼各种颜色背后的含义，只弄懂了一小部分。比如，北太平洋巨型章鱼变红代表它很兴奋，变白就是冷静了下来。章鱼在行为实验中第一次碰到某个困难的谜题时，会快速地变换几种颜色，就像人遇到难题也会眉头紧锁、咬住嘴唇一样。紧张状态下的章鱼会特意把头和眼睛换上伪装色，变出一系列的斑点、条纹和不规则的曲线来迷惑捕食者。身体小巧却有致命剧毒的蓝环章鱼在感受到威胁时，会让周身的亮蓝色环状图案不断闪烁，这也是它们名字的由来。还有一种伪装的形式是展示"眼线"：章鱼会从瞳孔两端伸出一条又黑又粗的线，掩盖了眼睛特有的圆润感。在珍妮弗和罗兰合作完成的证明章鱼能认出人类的实验中，被测试的章鱼会在拿棍子戳它的工作人员出现时，立刻展示出"眼线"；而给它们喂食的人出现时，它就不会做出这样的伪装。

这只新章鱼的头上有个白点不会变。在它变回纯深棕色后，这个点依然在那里。比尔也说，他每次看这只章鱼，它头上都有这个白点。天哪！我们终于在一只章鱼身上看到了一个不会改变的特征!

这个点让比尔想起了印度教妇女额头上的点，于是他给它取名叫迦梨。这是一位印度教女神的名字。她有深色的皮肤和很多条手臂，司掌创造和毁灭。对于一只成长中的小章鱼来说，迦梨是个很好的名字，这代表了它会有惊人的能力和潜在的破坏力。

我和威尔逊先向它伸出一根手指，然后再慢慢把整只手伸过去。它用前面两条腕足上的吸盘轻轻地抓住了我们的手。

"它会是一只很亲人的章鱼。"威尔逊说。

"没错，"比尔说，"它会是我们很好的朋友。"

★★★

迦梨来得正是时候。随着我对章鱼的了解越发深入，我开始想着自己养一只章鱼。

这些天，我在头足类网络论坛上到处逛，沉迷于观看章鱼主人们上传的自家宠物的视频。主人们的爱意快要溢出屏幕，镜头里的章鱼们也特别亲人。有一条视频拍的是一只加州双斑章鱼：它靠后足支撑，在水箱底部的沙子上来回跳跃，同时举起前面的腕足疯狂舞动，简直就像是课堂上举着手迫不及待想被点起来回答问题的学生。它的主人在视频下面说，这只章鱼经常这样引诱他一起玩儿。之后我又看到了网上的其他帖子，了解到宠物章鱼还会用别的办法来吸引主人的注意。有些人会用磁性玻璃擦来清洁水箱，这种清洁工具有两个带磁铁的部件，可以从玻璃的里外两侧吸在一起。主人不在房间里时，章鱼会把玻璃内侧的部件拿走，这样玻璃外侧的部件就会掉到地上，弄出很大的声音，把人引过来。这简直就像庄园的主人摇响铃铛叫来管家一样！

南希·金养了一只名叫奥莉的加州双斑章鱼。她会给奥莉喂活螃蟹，但她发现奥莉不一定能找到她扔下去的螃蟹躲到了哪里，于是南希决定帮助它。她在玻璃外面，用食指指着螃蟹的藏身之处。奥莉很快心领神会，跟着她的手指找出了螃蟹的位置。（看懂别人的手势是一种很厉害的能力。除人类外，只有一小部分动物能看得懂，比如狗。而狗的祖先，未经驯化的狼，就没有这样的能力。）"就这样，"南希在论坛帖子里骄傲地写道，"南希和奥莉合作捕获了螃蟹。"

很多家里养宠物章鱼的人都说，自家的章鱼喜欢和主人一起看电视，而且尤其爱看体育节目和动画片，因为这些节目的画面富于变化，色彩多样。南希·金和科林·邓洛普合写了一本家养章鱼的权威指南《头足类动物：在家庭水族馆里养育章鱼和墨鱼》，书中甚至建议养宠人将水箱和电视安置在同一个房间，这样主人和章鱼就能一起享受看电视的时光。

但我丈夫并不愿意养章鱼。我们结婚快三十年了，其间我想过在家里养蛇、美洲鬣蜥、狼蛛，甚至因为想去学驯鹰，所以计划在家里养一只红尾鵟。这些提案被他一一否决，最后我一样都没养成。但是，他也有拦不了我的时候，比如我们收养了被人抛弃的鹦鹉。他还给我买过一只玄凤鹦鹉幼鸟，我们都很喜欢这只宠物。我们还收养了房东的猫，救助了两只边牧，养过小鸡。我把小鸡养在家里的工作室里，它们会站在我头上，睡在我的毛衣里。我们甚至还收养过生病的小猪幼崽——它是那一胎里最瘦弱的一只，最后却长到 340 千克，活到了14 岁。虽然我丈夫很爱我带回来的这些动物，但他的耐心有时也会面临考验。尤其是在我为了给新书采风，钻进丛林几周甚至几个月的时候，他不得不独自面对这些动物。而对它们来说，我不在家就是造反的绝佳机会，于是我丈夫就会看到动物们破笼而出、自相残杀、在衣服里打滚、跳到床上。这些已经够他受的了，现在还要养一只章鱼？

所以，当我告诉他我想养章鱼的时候，他这样回答我："我是在做噩梦对吧？"

费用先不提，装水箱、准备食物、买章鱼，林林总总没个几千美元下不来。麻烦的是，家里怎么安顿章鱼是个大问题。即使是加勒比海礁章鱼这样体形较小的章鱼，也需要 380 升的水箱，装满水的重量大概是 450 千克，跟一头驼鹿差不多重。我家 150 岁"高龄"的农舍地板很可能经不住这个重量，说不定哪天就会塌掉。另外，老房子里根本没有几个电源插座，而好一点的海水水族箱需要好几个插座才能运行复杂的生命保障系统。这类水族箱有三种过滤器、一个通气装置，还有一个加热器，用来让水温保持在适合小型热带章鱼生存的 25~27.8 摄氏度。

我家住的那一带供电不足，经常断电，持续时间从几分钟到几天不等（2008 年 12 月的一场冰暴过后，我家连续一个星期都没来电）。家养的章鱼还离不开过滤器和加热器。这两样设备停工一小会儿，水箱里的章鱼就完蛋了——章鱼感到紧张的时候可能会喷出墨汁，如果不能及时过滤，有毒的墨汁就会把章鱼自己也毒死。

给章鱼准备水和食物也有很多讲究。天然的海水富含七十多种元素，所以家养章鱼用的水也需要精确调配。比如，水里不能含有铜元素，一丁点儿就能要了它们的命。成年章鱼的食物可以是冷冻的，但章鱼幼崽必须吃活着的、新鲜的食物。而我正打算从幼崽养起，因为我想养的小型章鱼的寿命比北太平洋巨型章鱼还短。离我家最近的海岸也有两个半小时的车程，因此我还需要自己养章鱼幼崽的食物——端足类动物和糠虾，并且得给这些食物准备单独的一套水箱设备。

最后，如果我要出远门（那个时候我已经确定了夏天要去纳米比亚调研），我丈夫就得一个人承担艰巨的任务，照顾这只脆弱的章鱼。再加上我去纳米比亚之前，我们的边牧尾巴上还动了一个手术，所以那段时间他本来就有照顾它的任务，防止它绕过伊丽莎白圈去咬尾巴上缝的线。

虽然我还是很想在家养章鱼，但显然这个想法无论是对章鱼本身还是对我的婚姻都不太好，所以我最终还是放弃了。另外，我还是很喜欢去水族馆的，即便开车过去要花很久。在水族馆，我能见到很多专家，他们的知识能让我更加了解章鱼，并且我和他们也渐渐成了朋友，许久不见我会很想念他们。从纳米比亚回来之后，我打算多去几趟波士顿，定期观察迦梨的成长。威尔逊也说，会根据我的安排协调一下他的时间。于是，从纳米比亚回来一周之后，我们就开始了第一次"美妙星期三"活动——我们把每周的星期三定为看章鱼的日子。这一定期活动不仅让我对章鱼有了意想不到的深入了解，还让我、迦梨以及那些同样深爱迦梨的人们产生了深深的感情。这些和我有着共同爱好的人们，之后成了我生命中非常重要的一群人。

★★★

后来我又去看迦梨。我到装着它的水桶那儿时，一小群工作人员和志愿者已经围住了那个桶，就像聚集在办公室咖啡机旁边一样。不过，他们的手里并没有捧着热咖啡，而是随意伸进冰凉的海水里，想要和迦梨握握手。

这个场面很难不让人怀疑迦梨把腕足从洞里伸出来，就是为了跟人握手的。才过了不到两周，它已经迅速长大，变得更加强壮，也更加好奇了。

"它觉得很无聊。"威尔逊边说边拧开水桶盖子，迦梨已经在水面上等着了。"纠正一下我的措辞。"威尔逊说，"它刚才很无聊，但现在不会啦！"

我们把手臂伸过去，它的吸盘迫不及待地攀了上来。强力的吮吸显示出它旺盛的好奇心，仿佛是用吸盘在我们的皮肤上阅读着只有章鱼能懂的盲文系统。它不仅想用吸盘品尝我们的皮肤，还想用眼睛观察我们。它的腕足越过我们的手臂伸向空中，同时把头伸出水面，抬起眼睛看着我们。

无论它身体姿势如何，迦梨狭长的瞳孔永远都会保持水平，这是因为章鱼体内有一种名叫平衡石囊的器官。这是一个囊状器官，内壁长着传感纤毛，囊里面有一个小石球，会随着章鱼的运动和重力方向的变化而滚动。章鱼的瞳孔虽然一直是水平的，但厚度变化很大。你可能会觉得，它的瞳孔在强光下会收缩，但恰恰相反，它的瞳孔反而变大了，就像人感到兴奋或者坠入爱河时的状态一样。

威尔逊给它递了一条鱼，但它没有把鱼送进嘴里。这对一只正在长身体的年幼章鱼来说，是一件很不寻常的事。很显然，它对玩耍的渴望已经超过了食欲。迦梨想要爬上我们的手臂。它闪闪发光、无比柔软的腕足尖攀上了我的小臂，然后是手肘，最后碰到了我卷起来的衬衫袖子。我们轻轻地把它的吸盘从手上扒下来，把它赶回水里，但它又不屈不挠地重新爬了上来。

又过了几分钟，威尔逊决定结束这次玩耍。他不想过多地刺激迦梨。"它还是个小宝宝。"他说，"让它休息吧。"

最近一直在照顾缨鳃虫（这种动物因头上美丽的触手冠而得名）的比尔告诉我们，迦梨在外国朋友那里也很受欢迎。最近，有来自其他国家的工作人员来这边交流学习，他们并没有想到能有机会和章鱼近距离互动，更没想到它这么友好亲人。"他们之前以为章鱼是很危险的动物。"比尔说。

比尔也注意到，很多人对海洋生物有一种说不清道不明的恐惧。确实，他照顾过不少有毒液、毒刺或者尖牙的海洋动物，但他手臂上的伤疤大多来自水管、玻璃和一些工具。"比起我养的这些动物，还是螺丝刀更有可能把我的手刺出血。"他笑着说，"确实，章鱼会咬人，也会把东西弄坏，但是人们对章鱼的恐惧远远大于它们能带来的实际伤害。"

新英格兰水族馆建馆已经四十年了，但人和章鱼近距离接触还是最近的事。"十五年前，没有人会和章鱼靠得这么近。"威尔逊告诉我。

这家水族馆是全美最早为动物提供自然环境的水族馆之一，这个决定很有远见。这样的布置不仅对游客来说更有教育意义，对住在这里的动物也更加有益。除了海豹和海狮（还有桃金娘，那只爱凑热闹的绿海龟），其他动物（比如一些鱼类、爬行动物和无脊椎动物）的居所在设计时都会优先还原它们自然的生存环境，而不是方便和人类互动。

在吃午饭的时候，威尔逊和斯科特给我讲述了新英格兰水族馆设计理念的变迁。在这背后，是一场发生在动物园和水族馆的无声革命，而这场变革深刻地改变了人类和这些千奇百怪的动物们之间的关系。

"一切都是马里恩开创的。"威尔逊回忆道，"马里恩太了不起了。"

"你是说我们馆里那条名叫马里恩的水蚰还是马里恩·菲什？"斯科特问他。

答案是马里恩·菲什（Marion Fish）。没错，她真的就姓"鱼"。马里恩是一名创伤外科护士。1998 年退休后，她每个周三都会来水族馆做志愿者。她记得照顾过的每只动物，给每条鱼起了名字，甚至能精准地读懂它们的情绪。

"有一天，我跟马里恩一起坐在章鱼水箱旁边，"威尔逊开始了回忆，"然后她说，那只章鱼需要找点事情做。"即使对于老虎、黑猩猩这种动物园的常见动物来说，"丰容"在当时还是一个很新的概念，给鱼和无脊椎动物提供丰容更是闻所未闻。水族馆也并没有打算让饲养员直接接触动物。"那时候，其他人都很害怕触碰章鱼，担心章鱼会伤害自己。"威尔逊告诉我，"但我们才不会管这些成见。这只章鱼可是感到无聊了呀！于是我们就跟它玩了起来。"没过多久，威尔逊和马里恩就开始定期打开章鱼水箱，抚摸它，让它吸自己的手臂。很显然，章鱼特别喜欢这种互动，甚至会期待下一次玩耍。"然后我们开始给它别的东西玩——手边的任何东西，比如说管子。后来就一发不可收拾了。"威尔逊说，"之后，我就做出了那几个带锁的盒子。"

2003 年，马里恩心脏病发作，之后便离开了水族馆。斯科特和威尔逊也与她失去了联系。不过在 2007 年，水族馆迎来了另一个名叫马里恩的年轻女人，她带来的影响不亚于前一位马里恩。这位年轻的马里恩进一步证明，动物和饲养员之间妙趣横生、充满爱意的互动具有非常积极的意义。她具体做了什么呢？她近距离接触了水族馆里最为可怕的动物——一条 4 米长、136 千克重的水蚺。

"马里恩来之前，"威尔逊说，"没有人会进到水蚺的箱子里。"这也是非常合理的事，因为水蚺是南美洲的顶级捕食者，会捕杀成年的鹿、重达 59 千克的水豚。甚至有记录表明，水蚺会捕食美洲豹。我正好认识一位研究水蚺的专家赫苏斯·里瓦斯。他在实地考察时，两次记录下了助手被水蚺攻击的瞬间。水蚺能长到 9 米长，而人类的体形"正好就在水蚺可以捕食的范围内"。但是，除里瓦斯团队的遭遇外，水蚺袭击人类的事件其实并不常见，这是因为人类一般不会出现在水蚺的栖息地。

但马里恩就进入了水蚺的住处。2007 年，24 岁的马里恩来到斯科特负责的展区实习。当时那个展区有三条水蚺，没有任何人敢碰它们。"就算不得不抓它们，也得先限制它们的行动。"斯科特告诉我，"我们会抓住水蚺的脖子，它们当然并不喜欢这种感觉。"然而，马里恩快要离职的时候，两条大一点的水蚺，凯瑟琳和阿什莉，已经会主动爬上马里恩的大腿，把头枕在她膝盖上了。

多亏了马里恩带来的改变，现在无论是年度体检、治病还是清理水箱，水族馆里的水蚺在需要"出门"的时候，再也不会因为要害部位被人抓住而留下心理阴影了，馆里的员工也不再害怕和它们接触。

显然，水蚺们比以前更快乐也更健康了，证据就是：两条雌性水蚺（另外一条名叫橙橙的水蚺是雄性）都生蛋了，这是波士顿的动物园和水族馆里从来没有过的事。水蚺是卵胎生，雌性水蚺会将软壳的蛋保留在身体内，直到孵化。凯瑟琳的十七条宝宝出生时，马里恩正穿着潜水衣待在它的水箱里。这些宝宝从出生起就由马里恩照顾，所以现在展出的水蚺（名字分别是马里恩、威尔逊，都是雌性）在搬家时也不需要工作人员抓住要害。只需一些提示，它们就会主动配合。其他工作人员也逐渐学会了分辨水蚺什么时候情绪不佳，不适合上手。在这种情况下，工作人员就会换一天再碰它们。

2011 年 2 月，马里恩因为要动手术，不得不离开水族馆，后来又因为手术并发症，再也没有回来工作。但是，她的做法留下了持续性的影响。马里恩在的那段时间里，她修长的身影总是出现在水螈展区。身长 4 米的顶级捕食者就依偎在她的膝盖上，尾巴尖儿温柔地环绕着她的一条腿。如此有爱的场景又一次证明了斯科特和威尔逊的想法是正确的。"任何动物，"斯科特说，"不光是哺乳动物和鸟类，其实都有认人的能力。你对它好，它也会对你好。"人一旦找到了和动物相处的最佳方式，无论是章鱼还是水螈，都能应对自如。

就像斯科特最近正在做的事：训练负子蟾。

负子蟾是一种两栖类动物，它们的大脑比作为爬行类动物的水螈要小，并且还看不清东西。视力差的特征塑造了它们独特的外观：大约 15 厘米长的棕色、扁平身体的前端长着两个鼻孔，鼻孔连接着又长又窄的鼻腔。前肢的指尖长着星形的触觉器官，它们就通过这些器官来寻找食物。

雄性负子蟾会在水下发出叫声，以此来呼唤配偶。然后，一对负子蟾在交配时会抱在一起，在水中一圈一圈地游动。在这个过程中，雌蛙把卵产在雄蛙的腹部。雄蛙会让卵受精，然后把卵滚到雌蛙背上的小穴里，受精卵就这样被保护起来。受精卵发育成熟后，幼蛙就会戳破覆盖其上的皮肤出生，雌蛙也会蜕去背上坑坑洼洼的皮肤。负子蟾的卵并不会孵化成蝌蚪，而是直接孵化成幼蛙。

可惜的是，游客很少能看到这种长相奇特的蛙，因为它们喜欢躲在水箱里丰茂的植物后面。所以，斯科特在想办法把它们引出来，就像之前引出电鳗那样。

那要怎样做才能把它们引出来呢？"要去了解负子蟾的内心。"

他说，"我们就像在和负子蟾打心理战。"一只看不清东西的负子蟾，要怎样才会觉得某个地方是安全的？又要怎样才能让它找到这个地方呢？"你很快就会知道的。"斯科特说，"要从它们的角度出发。就像电影《E.T. 外星人》里那样，伸出看不见的手，感知有机体。你得主动出击，认真倾听。"

大多数人都会很自然地注意到马的耳朵朝着哪个方向，狗的尾巴是怎么摆动的，猫的眼睛里有什么样的情绪，但水族馆的饲养员们却需要读懂鱼儿们无声的语言。有一次，我和斯科特一起走在非展览区的走廊上，旁边是一群刚刚换过水箱的慈鲷。斯科特忧心忡忡地告诉我："我能闻到这些鱼内心的压力。"这种味道非常微妙，我是一丁点儿也闻不出来。斯科特解释说，他闻到的这种不易察觉的气味，其实来自热休克蛋白，这种胞内蛋白一开始发现于动植物体内。当有机体暴露于高温时，就会合成这种蛋白。最近的科学研究发现，其他的压力情绪也会激发有机体合成此种蛋白。这种味道让斯科特觉得有些反胃，但其实味道本身并不会令人恶心，只是自己照顾的鱼情绪不好，对斯科特来说就像听到自家刚出生孩子的哭声，那种紧迫和担心的感觉是一样的。

斯科特还能够轻易分辨出鱼儿们的其他情绪讯号。我们去看搬了新家的慈鲷，他让我对比刚刚搬家的慈鲷和已经在新水箱里住了几周或者几个月的慈鲷。可以看到，前者身上的条纹要更加苍白一些。"看看这条鱼，"斯科特指着先搬家的慈鲷，"看见它眼里的神采了吗？再看看后搬家的这条鱼，眼里就没有这种神采。"就像一般人能看懂别人脸上的表情一样，斯科特练就了对鱼类察言观色的本领。

"要读懂章鱼的情绪，"走回水族馆展览区的时候，我对斯科特说，"最难的地方就在于，它们表达情绪的方式太多了，比我知道的任何一种动物都要多。我们有舞蹈、音乐和文学，而章鱼仅仅依靠皮肤就能表达出情绪。那么，我们靠声音、戏服、画笔、黏土和科学技术，就能展现和章鱼一样复杂的情感吗？"

　　"你说得有道理，也许并不能。"斯科特说，"想象一下，头足类动物要是能在 93 号州际公路上开车，那它们表达路怒的方法肯定比我们丰富多了。"

★★★

　　那天下午，威尔逊打开迦梨的水桶盖子，它就浮了上来，眼睛骨碌骨碌地转，寻找我们的脸。我们把手伸给它，它立刻抱住。现在它的皮肤是深红棕色，腕间膜上有一些深绿色的斑块。威尔逊递给它两条鱼，它迫不及待地接住了。它用吸盘温柔地吸着我们的手，任由我们摸它的头。"我从来没摸过这么软的东西。"我向威尔逊感叹道，"小猫咪的毛、小鸡仔的绒毛，都没有这么软。我感觉我能摸上一整天。"

　　"没错，"威尔逊回答道，语气非常真诚，没有一丝讽刺意味，"确实可以摸上一整天。"

　　大多数人应该很难理解摸章鱼头的乐趣，即使是动物爱好者也会觉得这很奇怪。回到新罕布什尔州之后，我和朋友乔迪一起在树林里遛狗，我热情地向她描绘了章鱼的手感是多么地美妙。我能看出来她在经历一些内心挣扎，怀疑我是不是已经疯了。

"但是，"她问道，"它们摸起来不会黏黏的吗？它们皮肤上不是有黏液吗？"

确实，在很多人的想象中，章鱼的皮肤是又湿又滑的。但实际上，香蕉皮可能比章鱼的皮肤更接近"又湿又滑"这种描述。黏液是一种很特殊也很重要的物质，章鱼的皮肤上也确实有大量的黏液，海里面的大部分动物体内或体表都有黏液。"很多海洋动物都会分泌黏液，把黏液布置在身体的某个部位，或者干脆整个身体都涂满黏液。和黏液有关的海洋动物比我想象的还要多。"海洋学家艾伦·普拉格说，"海底世界真是充满了黏液。"黏液可以减少海洋动物在游泳时受到的阻力，让它们更好地捕猎、进食、逃脱捕食者的魔爪、保持皮肤健康，甚至保护产下来的卵。比尔照顾的缨鳃虫属于管虫类动物，它们会分泌黏液形成皮质的管，就像托住花朵的花梗一样，用来保护自己的身体并附着在岩石或者珊瑚上。对于一些鱼类，比如斯科特养的亚马逊七彩神仙鱼和慈鲷，黏液就相当于母乳，幼鱼的食物就是父母身上富含营养的黏液膜。幼鱼跟在父母身边吃黏液，这种行为在英文里被称为"glancing"。颜色极为鲜艳的花斑连鳍𩽾会分泌味道非常糟糕的黏液，以此赶走捕食者。章鱼的远亲，住在深海的幽灵蛸，会分泌发光的黏液把捕食者吓跑。百慕大齿裂虫通过夜光黏液来求偶，就像萤火虫在夏夜发光一样。雌性齿裂虫发出亮光吸引雄性，看到亮光的雄性则会闪动身上的光作为回应，它们相遇后就会同时释放卵子和精子。

"迦梨和奥克塔维亚的黏液没有那么不堪啦，"我对乔迪说，"总之没有盲鳗的黏液那么黏。"

盲鳗生活在海底深处，身长大约 43 厘米，但能在几分钟内分泌七大桶黏液。有了这么多黏液，无论被什么样的捕食者抓到，盲鳗都能"滑"出生天。按理来说，盲鳗也可能会因为自己分泌的黏液窒息而亡，除非它会像感冒的人一样"擤鼻涕"。所以，当盲鳗的黏液多到它自己也承受不了的时候，它就会使出一种特别的技巧：从尾部开始，把身体塞进嘴里，像收紧绳结一样慢慢推进，从而清理掉多余的黏液。

"天哪，"乔迪叫道，"太恶心了吧！"不过，听了盲鳗的事迹之后，她倒是开始问我迦梨和奥克塔维亚的黏液具体是什么样的，毕竟相比之下，它们的黏液好像没有那么难以接受了。

章鱼的黏液介于口水和鼻涕之间，但手感其实比这两种东西都要好。而且，章鱼的黏液还有很多用途。章鱼会在狭窄的缝隙进进出出，这时滑滑的黏液就会派上很大用场。如果章鱼要离开水，黏液可以保持体表湿润——有些野生章鱼也确实经常离开水。虽然 1998 年莱尔·萨帕托"发现"的"树章鱼[①]"只是个互联网恶作剧（这也证明了现在很多年轻人在网上看见什么就信什么），但生活在潮间带的野生章鱼确实经常跑到岸上来，在各个潮汐池里找食物。章鱼跑到岸上来可能也是为了躲避水里的捕食者，比如其他章鱼。我看

---

① 1998 年，网络作家莱尔·萨帕托声称在美国华盛顿州的奥林匹克半岛雨林中发现了稀有物种——一种能在树上生活的两栖章鱼"西北太平洋树章鱼"（Pacific Northwest Tree Octopus），具有适应陆地生活的特殊能力。但后来事实证明，"西北太平洋树章鱼"并不存在，它完全是莱尔·萨帕托创造的虚构物种。如今，这个恶作剧已成为一个经典案例，用于强调批判性思考和辨别网络谣言的重要性。

到过的一些研究表明，在海浪频繁的地带，章鱼甚至能在岸上存活三十多分钟。

"黏液也无伤大雅。"我提醒乔迪，"毕竟，人类最大的两种乐趣都离不开黏液。"

她想了一会儿，然后问我："另外一种是什么？"

"吃呀。"我答道。

★★★

"头足类狂欢开始啦！"布兰登·沃尔什低沉的嗓音在水泵的轰鸣声和重金属音乐声中炸开。身材高大魁梧的布兰登今年34岁，在水族馆的影院工作。回到家后，他还要照顾自己的水族箱。他说现在"只有"五个箱子了，以前最多的时候有二十个。

围着迦梨的那一圈人当中也有他。要等威尔逊打开盖子，他们才好和迦梨玩儿。对于热爱章鱼的水族馆员工们来说，章鱼的黏液就如同社交的润滑剂，增进了大家的友谊。

克里斯塔·卡尔索也是其中之一。她今年25岁，漂亮娇小，一头乌黑的秀发松松卷卷地披散在背后，上唇的唇钉上镶嵌着一颗黑色的小宝石，明媚的笑容照亮了整个房间。"小时候，"她告诉我，"别的女孩都喜欢玩洋娃娃，我却喜欢养鱼。"一开始，她只是用容量很小的碗养金鱼，后来又有了泰国斗鱼、灯鱼、孔雀鱼、海螺。现在，她家里有十个水族箱。"你要是来我的房间，"她说，"保证你耳朵边上都是水箱器械的轰鸣声。"克里斯塔刚来水族馆做志愿者，每周来一天，帮斯科特照料淡水区的生物。与此同时，为了还大学的学业贷款，她还兼职当酒保。但是，她真正想做的工作还是在水族馆跟鱼打交道。

另外，驯服了水鲺的马里恩·布里特也从手术并发症中恢复过来，最近回到水族馆，加入了我们的"美妙星期三"行动。她有一双淡褐色的眼睛和一头柔顺的棕色齐肩长发，温柔的举止之下藏着极为敏锐的洞察力。她将这种洞察力运用到了许多工作中：她设计出第一份"斑点指南"，让饲养员们能够分辨出不同的小水鲺（她抱着只有30厘米长的新生水鲺，任由它们轻轻咬自己，同时在事先画好的表格上勾勒出每条水鲺身上的独特图案）。她开了一家充满异国情调的纱线商店"紫色霍加狓"——即使手术给她留下了持续的偏头痛，她还是在家远程经营着她的店。

这一天，我还见到了安娜·玛吉尔-杜汉，她才刚刚读完高二。她个子不高，一头乌黑的秀发随意挽成马尾，过去两年一直在水族馆做志愿者。暑假期间，她每个星期来工作四天。自从两岁时收到第一个鱼缸作为礼物，她就开始养鱼了。"从那以后，"她告诉我，"我不断地买鱼、买鱼缸。我父母不让我再买了，但我还是会偷偷地买。"有一次，她养了一条宠物比目鱼，被她妈妈发现了，妈妈当然惩罚了她。听到这里，我有点担心她妈妈会把这条鱼煎了吃掉，但还好并没有。她的妈妈是一名小学教师，她决定的惩罚就是不让安娜给这条鱼取名字，而是由她来取。最终，妈妈给这条比目鱼取名为"比比"。

除了往常会聚集在水桶边看迦梨的那些人，两位讲解员也加入了我们的行列。布兰登还带来了他的女朋友。"今天人数创纪录了。"威尔逊说。今天来看迦梨的一共有九个人，比它的腕足数量还多。威尔逊认识的其他章鱼都没有这么大规模的秘密粉丝团。

虽然从来没有同时见过这么多人，但迦梨还是表现出了热情好客的态度。它用腕足和我们玩推拉游戏，抬头看我们的脸，优雅地吃掉我们递过来的鱼。

"哇！"迦梨用吸盘抓住了讲解员们的手指，让他们不由得发出惊呼。滑滑的腕足攀上布兰登女朋友的手臂，吮吸着她的皮肤。她不禁感叹道："太神奇了！"

通过水桶旁的这项活动，我们不仅更加了解迦梨，让迦梨更加喜欢我们，而且也逐渐认识了身边的人。对于我们中的大多数人来说，一边和章鱼玩，一边认识新朋友，是再好不过的社交方式了。就在这期间，克里斯塔给我们介绍了她的双胞胎弟弟丹尼，他最喜欢的动物就是章鱼。丹尼患有广泛性发育障碍，患这种病的人在掌握基本技能方面存在明显的发育迟缓。克里斯塔正在努力争取丹尼的合法监护权，这并不是因为她住在附近的梅休因市的父母不想抚养丹尼，也不是因为丹尼在那里过得不开心。这位活泼漂亮的姑娘想要丹尼的监护权，是因为她觉得："我无法想象没有弟弟的生活。他的每一天都过得很快乐！"

丹尼非常喜欢章鱼。每次一起去水族馆，他都会特别兴奋地向克里斯塔汇报章鱼的一举一动。"你看，它上来了！它的腕足在动！"有一次，克里斯塔带丹尼去了波士顿一个卖鱼的市场，他看到那里在卖食用的章鱼就很不高兴。不过，他对死去的章鱼身体依然充满了兴趣。最终，克里斯塔给他买了一只。他把这只死去的章鱼放在冰箱里，定期拿出来看看。

多亏了奥克塔维亚和迦梨，我也更加了解了威尔逊和他的家庭。他出生于伊朗拉什特，父母都是伊拉克犹太人。他在波斯人聚居区的一所美国式长老会传教学校长大，从小就学会了在不同文化间悄然游走。16 岁时，他去英国上寄宿学校，然后进入伦敦大学学习化学。后来，他来到美国（他还记得具体的日期：1957 年 1 月 3 日），在纽约哥伦比亚大学学习化学工程，然后搬到波士顿加入理特咨询公司。在那里，他遇到了妻子黛比——一位思想前卫、独立自主的社会工作者。她的母亲出生在俄罗斯和波兰的边境，父亲是美国人。一年半后，黛比计划要结婚，威尔逊立刻同意了，但他保守、寡居的母亲对威尔逊选择了一个非伊拉克犹太血统的女人感到非常耻辱，甚至曾飞到美国试图劝阻他。

威尔逊已经习惯了被人误解。在这个要求循规蹈矩的世界里，在这个不重视动物，尤其不重视水生动物的文化里，我们都习惯了被人误解。也许正是这一点联结起了我们这样一群人：水桶里装着一只黏糊糊的无脊椎动物，大多数人都觉得它是怪物，我们却围在水桶边和它交上了朋友。

很少有其他人能够理解我们这群人对动物的感情。比如，不少人看到马里恩进入遍布水蚺的展区，就会感到很疑惑。他们会问："你觉得它们认识你吗？"这些水蚺当然是认识她的，而且还很喜欢她。她也很爱她的水蚺。2011 年夏天，一条名叫阿什莉的水蚺去世了，马里恩因此伤心哭泣了很久。斯科特也很明白这种感情。新年第一天的凌晨四点，他在电话里得知阿什莉生孩子了，便丢下自己的儿子，跑到水族馆照顾新生的水蚺去了。

安娜和所有青少年一样，都觉得周围的人不能理解自己。她和克里斯塔一样有个双胞胎弟弟，但安娜和她那爱运动、性格外向的弟弟完全不同。她聪明又直率，还毫不掩饰地告诉我们，她在一所"特殊学校"就读。她患有阿斯伯格综合征，一种轻微的孤独症；她还患有偏头痛、注意力缺陷障碍、低血压（这曾导致她在水蚺箱子旁晕倒）和神经性震颤；她在服用各种药物。在家里，她养的鱼和莱拉（一只蓝舌石龙子）能帮她找回一些平静。但是，直到开始在水族馆做志愿者，她才感到自己拥有了完整的灵魂。

"在水族馆做的这些幕后工作改变了我的生活。"安娜一边抚摸迦梨一边告诉我们。六年级前后，安娜暑假的一部分时间是在水族馆的"鱼类夏令营"度过的。14岁那年，她开始在周六上艺术课，下课后就会坐车去水族馆玩一天。她在这里认识了戴夫·韦奇——他留着大胡子、性格外向，之前是高中教师，现在负责管理水族馆的海岸展区和教育中心的湿性实验室。有一次，戴夫和安娜约定一小时后见，但是安娜没有时间观念，没有手表，也不会看指针式表盘。于是，她冒着瓢泼大雨在实验室门外等了一个小时。这件事给戴夫留下了深刻的印象。尽管安娜年龄太小，不能成为正式的志愿者，但他还是给她找了一些幕后的工作。

现在安娜成了正式的志愿者，不仅有了电子表（还学会了读表盘），而且还知道水族馆里所有海洋脊椎动物和无脊椎动物的通用名和拉丁学名。不过，她还没有完全记住淡水区的生物名字。

"章鱼和其他海洋生物不太一样，这里的人们也和外面的人不同。我在这里觉得很自在。"安娜说，"我感觉自己就属于这里。"

归属于一个群体是人类最深切的渴望之一。和我们的灵长类祖先一样，人类是社会性动物。生物进化论认为，在我们漫长的一生中，维持众多的社会关系是推动人类大脑进化的因素之一。事实上，我们通常认为，和人类一样拥有高度社会性、寿命较长的动物具有更高的智商，比如黑猩猩、大象、大型金刚鹦鹉和中大型鲸类。

而章鱼却截然相反。它们相对短命，而且大多数章鱼似乎没有社会性，但也存在有趣的例外。比如，太平洋条纹章鱼有时会成对同居，共享一个巢穴。这种章鱼可能还会成群居住，形成由四十多只章鱼组成的社会。这一事实非常出乎意料，以至于三十年来一直没什么人相信，相关研究也没有公开发表过。直到斯坦哈特水族馆的理查德·罗斯最近在他家的实验室里饲养了这一早已被遗忘的物种，它们奇特的社会性才为人所知。不过人们认为，北太平洋巨型章鱼会在生命的最后阶段寻找伴侣，进行交配。但这个推断也不一定正确，因为大家都知道交配后雌性章鱼就可能把雄性吃掉——名副其实的"晚餐约会"。那么，如果章鱼不和同类交流，这么高的智商又是用来干什么的呢？如果它们都不和同类一起玩，那为什么要和我们人类一起玩呢？

章鱼心理学家珍妮弗认为："章鱼变聪明的动力和我们是不同的。"人类和章鱼为了不同的目的，分别进化出了很高的智商。她相信，章鱼进化出高智商，是因为丢掉了祖先拥有的壳。没有了外壳，章鱼能够更自由地移动，可以像老虎那样自己捕猎，而非像蛤蜊那样在原地守株待兔。大多数章鱼最喜欢吃的是螃蟹，一只章鱼会捕猎几十种螃蟹，常常要用到不同的捕猎战略和技巧，每次都要做出不同的决策。是先伪装再跟踪，打伏击战？还是利用虹吸管喷水加速，追逐猎物，速战速决？又或是爬到岸上去，追击逃跑的猎物？

丢掉了外壳，章鱼就需要做出权衡。现在章鱼在其他动物眼里，相当于"一大袋唾手可得的蛋白质"（这是一位研究人员的评价），任何体形足够吃得下章鱼的动物都会把它们当作盘中餐。章鱼当然也明白自己的处境，于是想出了别的办法来保护自己。20 世纪 80 年代，珍妮弗在百慕大考察时，就看到了一只普通章鱼是如何运用策略来保护自己的。当时，这只章鱼捕完猎回到了家门口，用腕足清理了一下巢穴。突然，它离开巢穴的洞口，跑到一米远的地方捡了一块石头，放到了洞口。过了两分钟，它又去捡了两块石头，用吸盘吸住石头带了回去。只见它钻进巢穴，然后小心翼翼地把几块石头放在洞口，像是在城堡外面造了一个防御堡垒。这只章鱼想要干什么，人类一看就懂。珍妮弗对它说："三块石头足够了。晚安！"然后它就安心回家睡觉去了。

2009 年，印度尼西亚的研究人员记录到章鱼随身携带一对破开的椰子壳，把它们当作活动小屋。它把两瓣椰子壳套起来，压在身体下面，僵硬吃力地拖着椰子壳走在海底的沙子上。到了目的地之后，它再把两瓣椰子壳组装成一个球，然后钻了进去。另外一个章鱼用工具的例子发生在明德学院的章鱼实验室：助理动物管理员卡罗琳·克拉克森注意到，一只海胆在觅食的时候，距离一只雌性加州双斑章鱼的巢穴入口太近了。于是，这只章鱼冒险走出巢穴，在 15 厘米外的地方捡起一块边长约 9 厘米的方形石板，拖回巢穴，像盾牌一样竖起来保护自己，免受海胆刺的伤害。

从建造庇护所到喷射墨水，再到改变颜色，脆弱的章鱼必须随时做好同数十种动物斗智斗勇的准备——其中有些是它的猎物，有些则是它的天敌。章鱼要如何应对如此复杂的不确定性？这就需要它们在某种程度上预测其他个体的行动。换句话说，就是理解其他动物的想法。

理解他人的想法，尤其是理解与自己不同的想法，是一种复杂的认知技能，被称为"心智理论"。人们一度认为这是人类独有的能力。对于一般的儿童来说，这种能力一般产生于三四岁左右。有一个测试心智能力的经典实验：实验人员让受测幼儿观看一个视频，视频中的女孩把一盒糖果留在了房间里。她不在房间里的时候，大人把糖果拿走，放了一些铅笔在盒子里。现在，女孩回来再次打开了盒子。实验人员问受试幼儿：小女孩希望在盒子里找到什么？幼儿会说：铅笔。只有大一点的孩子才会明白，她想找到的是糖果，尽管糖果并不在盒子里。

心智被认为是意识的一个重要组成部分，拥有这种能力就意味着个体拥有自我意识（"我是这样想的，但我知道你可能是那样想的"）。杜克大学犬类认知中心主任布莱恩·黑尔博士在最近的实验中证明，狗能够意识到人类可能拥有自己不具备的知识。在实验中，他向狗展示了两个密封的容器（以防狗闻到味道），一个装有食物，一个没有。狗很快就明白了人类知道它们不知道的事情，并会跟着人的手指去找藏起来的食物。

南希·金的章鱼奥莉也能做到这样的事。自己找不到的螃蟹，它在主人的提示下找到了。

当然，这样的例子还有很多。比如，猎鹰会根据驯鹰人或猎犬的指示找到猎物；非洲蜜獾会跟随一种鸟类（响蜜䴕）寻找蜜蜂的巢穴。非洲蜜獾和响蜜䴕似乎达成了共识：当蜜獾打开蜂巢吃蜂蜜时，响蜜䴕就可以大快朵颐地吃蜜蜂的幼虫。

虽然世界上有很多生物够理解其他生物的想法，但最擅此道的一定是章鱼，因为如果章鱼不能解读其他动物的内心，那些用来保护自己的骗术也就成了无稽之谈。在伪装时，它必须让各种各样的猎物和捕食者相信，它不是章鱼，而是别的什么东西。看啊！我是一滴墨水。不对，我其实是一丛珊瑚。现在，我又变成了一块石头！章鱼需要了解它想蒙骗的动物有没有中计。如果没有，那就再变成别的东西。珍妮弗和另外一位作者在书中写道，章鱼会在特定情景下展示特定的图案。比如"流云"图案，就是用来恐吓静止不动的螃蟹，让它动起来，以便章鱼趁虚而入。面对饥饿的鱼类天敌，章鱼会采取不同的策略：快速改变颜色、图案和形状。大多数鱼类都有出色的视觉记忆，能够记住特定的图像，但如果章鱼从深色变为浅色，喷射而去，然后又变出条纹或斑点，鱼类就无法追踪了。

迦梨在来到水族馆之前一直在野外生活。它能活到和我们见面，一定经历了很多次勇气与智慧的交锋，骗过了无数鸟类、鲸鱼、海豹、海狮、鲨鱼、螃蟹和海龟，当然还有其他章鱼和潜水的人类。所有这些生物，都有不同的官能、动机、个性、情绪和生活方式。大多数人每天只要跟同类打交道就行了，而迦梨却要应付这么多种生物。

现在，迦梨还面对着这么一大帮人。它对身边这些人很好奇——有这么多人对它很感兴趣，还有比这更让它开心的事吗? 它把第二条腕足尖递给布兰登和他女朋友，同时用吸盘吸住了两个讲解员的手指尖。它翻了个底朝天，头朝下，腕足朝上，吸盘像花朵一样绽放。克里斯塔、安娜、马里恩和我把自己的整个小臂都伸了过去。它用吸盘吸住我们的手臂，轻轻地拽着我们，玩得很开心。它的皮肤出现了一些斑点和起伏。它抬起头来让我摸，我摸到的地方都变白了。它骨碌碌地转着眼睛，应该是在找威尔逊。它看见了他的脸，两条腕足就像三明治的两片面包一样，夹住了威尔逊的手臂。

比尔在人群后面欣慰地看着我们和它互动。迦梨是一只活泼外向、友好亲人、兴致盎然的章鱼。"它会成为一只特别好的展示章鱼。"比尔自豪地说。

★★★

这天虽然不是星期三，但我和威尔逊还是去了一趟水族馆，因为大家要给克里斯塔和丹尼过生日。在比尔和斯科特的帮助下，我们和克里斯塔一起给她弟弟准备了惊喜。

前一天晚上十一点一刻，丹尼从梅休因市的父母家坐班车来到了克里斯塔在波士顿的公寓。威尔逊和我在三楼的非展览区做好了准备，就等克里斯塔把她弟弟带过来。

"他永远在读百科全书。"她骄傲地说，"我姐姐和我只会扫一眼，但他真的会仔仔细细地读，所以我妈妈买了一大堆百科全书。"丹尼从13岁开始就最爱看"章鱼"的词条。对他来说，章鱼最迷人的地方是什么呢？"是外观。"他说，"它们多聪明啊，全身都是吸盘！"

克里斯塔说，前一天晚上她把我在《猎户座》杂志上写的有关章鱼的文章读给丹尼听。她悄悄告诉我，丹尼问她："你能想象出摸章鱼是什么感觉吗？"昨天，丹尼只知道今天我们要一起去水族馆。"那我们今天能看到章鱼了！"丹尼早上对克里斯塔说，"今天一定会很开心。"

不过丹尼不知道我们为他准备了什么大礼。

威尔逊把丹尼带到奥克塔维亚的水箱边。"猜猜里面住的是谁？"克里斯塔问丹尼。

丹尼睁大了眼睛。"是大 O[①] 吗？"

威尔逊用长柄夹子夹上一条鱼，准备把奥克塔维亚吸引过来。克里斯塔、丹尼和我赶紧跑到楼下的公共展览区，看它有什么反应。丹尼隔着玻璃朝奥克塔维亚挥手。它一开始无动于衷，最后终于开始用两条腕足、三条腕足抓住了鱼，身体也变成了亮红色。鱼落到了水底，看来它并不想吃东西。它又放开了钳子，威尔逊把钳子收了回去。

威尔逊也下到公共展览区，问我们："他刚才看见了吗？"

---

① 奥克塔维亚（Octavia）名字的首字母是 O。

"刚才真是太棒了!"丹尼兴奋地喊道。这对他来说已经足够惊喜了。然后,我们回到楼上,来到了迦梨的水桶前面。威尔逊开始拧盖子。

"丹尼,来看看这个。"克里斯塔话音刚落,迦梨深红棕色的身体就浮出了水面。

"我还以为这个地方只有一只章鱼呢!"丹尼说。威尔逊把手伸进水桶,迦梨用吸盘握住了。

丹尼开始激动地颤抖起来。"来,给它喂条鱼。"威尔逊对丹尼说。"把鱼放到它的吸盘上,让它拿走。"威尔逊提示道。

丹尼拿起鱼,但不太敢放过去。"它会不会抓我啊?"

"放手,让它接住鱼。"威尔逊说,"它不会伤害你的,把手放进水里吧!"

迦梨的头和三条腕足都伸出了水面,探出水桶边缘。它迫不及待地要和我们打招呼。我们都开始摸它的头,催促丹尼也来加入我们。可是丹尼有点害怕,他颤抖着伸出一根手指,戳了一下它的吸盘,然后立刻缩了回去。他后来告诉我,这么害怕是因为他想起了看过的一个电视节目,里面有一只楼房那么高的章鱼会袭击人类。

突然,水桶里喷出一股水。"你看,它在跟你打招呼!"克里斯塔说。随后,又是另一股水柱,之后又喷了一次。这次喷得很高,正中丹尼的脸。

他完全不介意被喷了一脸水,反而没有之前那么茫然了。他虽然还有些害怕,但是已经完全被章鱼迷住了。

水从他的头上不停地往下滴。他伸出一根手指,碰了碰迦梨的吸盘。

"我家冰箱里也有一只章鱼，"他对我说，"不过那只是死的。"

迦梨开始往我们的方向移动，身体的一些部分已经不在水里了。"它要出来了！"克里斯塔喊道。我和威尔逊试图把迦梨的腕足放回水里，它用吸盘吸住了我们的手臂。"它好像更想摸我，而不是摸丹尼，"威尔逊对我说，"因为丹尼很紧张。迦梨能感觉到这点，太明显了。"

"如果你是一只螃蟹或者一条鱼的话，"威尔逊对丹尼说，"它现在就会把你塞进嘴里。但因为你是个人类，所以它不会吃你。"他又给了丹尼一条鱼。"把鱼放在它的吸盘上，它会抓住的。"

迦梨确实抓住了。

"啊！太神奇了！"丹尼惊呼。他朝迦梨挥动起左手。

现在丹尼没那么害怕了，他把整只手都伸了进去。迦梨轻轻地用五个吸盘吸住他的手，然后是十个，最后可能用了二十个吸盘包裹住他的手掌。"它好像一只橡胶手套啊！"丹尼说。

"丹尼现在没那么紧张了，所以它也愿意跟他玩儿了。"威尔逊说，"比起我们对它的了解，还是它更懂我们。"

"我觉得它很喜欢我！"丹尼惊讶地对我们说。

"它叫迦梨。"克里斯塔告诉他。

"你好呀，迦梨。"丹尼对它打招呼，好像看到了一个第一次见面的人类朋友。它用吸盘一点一点地往桶边移动，像一只向前翻滚的弹簧玩具。

不过威尔逊觉得再玩儿下去会累到它，于是盖上了水桶的盖子。

丹尼兴奋得像是个见到了明星的粉丝。"我在水族馆摸到了章鱼!"他叫道,"哇,真是太刺激了!我要立刻回家告诉爸爸妈妈!而且章鱼也喜欢我!"

不过我们今天给丹尼准备的惊喜还没有结束。威尔逊拿来一个罐子,罐子口蒙着一只蓝色的医用手套。他拿开手套,露出了罐子里面的东西——一块大约 2.5 厘米长的黑色角质物,由弯曲交联的两部分组成。这是威尔逊最珍贵的收藏之一。

"你知道这是什么吗?"他问丹尼。

"是贝壳吗?"

"不是。"

丹尼想起了在百科全书上看到过的图片。"有点像章鱼的口器!"

"没错,它来自很久以前的一只章鱼。"威尔逊说,"这是乔治的口器,送给你了。"

丹尼目瞪口呆。

"你觉得怎么样?"克里斯塔问他。

"这真的是章鱼身上的东西!"

威尔逊还找出了另外一件收藏品送给丹尼:一张装裱好的乔治的照片,由摄影师杰弗里·提尔曼拍摄。"我会把它挂在我的房间里。"丹尼郑重地接过礼物,"只需要钉一下就行了,把它钉在我的床边。"

接下来的时间,我陪着丹尼和克里斯塔逛了水族馆,因为威尔逊有事要提前走。今天上午,他接到电话,附近的安宁疗护病房有空床位了。如果威尔逊的妻子黛比确定要这个位置的话,今天下午就要入住。黛比的医生还是不能确定她的病究竟是怎么回事，只能眼睁睁地看着她渐渐失去自我。威尔逊下午需要陪伴他的妻子——这位曾经与他环游世界的女士，如今迎来了自己最后的旅途。威尔逊自己也计划从他们原来的大房子里搬出去。原来的家又大又漂亮，有一个宽敞的厨房，炉灶台子贴着整齐的瓷砖；有很多房间，可以给来访的客人和孙子孙女住；还有一间是黛比的工作室。新家比较小，所以威尔逊正在重新安置他的珍藏。他给了克里斯塔、马里恩和我许多珊瑚、贝壳和书籍，把大型的标本捐给了水族馆。不过，即使马上要面临悲伤的生离死别，威尔逊依然选择和我们一起度过这个上午，共同庆祝两个年轻人的生日。

他奇迹般地让这一天变成了一个快乐的日子。带来这个奇迹的，正是迦梨——一只仿佛来自另一个世界的章鱼，拥有奇异的力量，有着印度女神的名字，同时代表创造与毁灭、仁慈与残酷、喜悦与悲伤。还有谁比它更适合见证这个日子呢？

★★★

这是波士顿一个明媚的夏日午后。室外，戴着帽子的公园管理员在回答游客关于观鲸和海港游艇的问题；快乐的孩子们在公共草坪的旋转木马上欢呼雀跃；大人们则挤在法尼尔大厅里吃着软椒盐卷饼和冰淇淋。在水族馆内，安娜正在协助斯科特；克里斯塔正在分配虫子饲料；比尔正在喂养濒临灭绝的阿拉巴马红腹伪龟，这批龟会在马萨诸塞州放归自然。威尔逊和我陪着迦梨，它已经吃完了鱿鱼。它保持着倒立的姿势，在水面上徘徊。它用吸盘握住我的指尖，不时地捏一下，就像握手的时候轻轻地捏对方的手。它的一条腕足环绕着威尔逊的手腕，还有一条握着他的另一只手。我用空闲的手伸向它的头部，开始抚摸它。

乍一看，我们三个的状态就像这夏日的午后一样慵懒，仿佛时间的潮水缓缓退去，我们摆脱了钟表和日历的束缚，甚至超越了物种的边界。"如果现在有人来找我们，"我对威尔逊说，"他们可能会认为我们是某个奇怪组织的成员。"

"章鱼神教吗？"威尔逊轻轻笑了。

"通往宁静与极乐之路。"我补充道。

"没错，"威尔逊说，"真的让人心绪宁静。"

抚摸章鱼很容易让人陷入一种梦幻的状态。和世界上另外一种存在，尤其是和章鱼这样与我们全然不同的存在一起，分享这宁静的一刻，实在是一种荣幸。这是一种共通的愉悦，温柔的奇迹，与宇宙意识的联结。

公元前 480 年，前苏格拉底时代的希腊哲学家阿那克萨戈拉首次提出了"努斯（nous）"这一概念，这是一种贯穿所有生命的宇宙智慧，赋予生命活力并连结所有生命。它启发了东西方的许多哲学思想：从心理学家卡尔·荣格提出的"集体无意识"，到统一场理论，再到阿波罗 14 号航天员埃德加·米切尔于 1973 年创立的意识科学研究所所做的一些研究，宇宙意识的身影无处不在。我现在感到无比幸福，因为我可以和一只章鱼分享"无限、永恒的智慧能量海洋"（这个说法来自一个网站）。谁会比章鱼更了解无限、永恒的海洋呢？

还有什么能比被它搂在怀里，周围环绕着孕育生命的水，更能让人深感平静呢？在这个夏日的午后，当我和威尔逊抚摸着迦梨柔软的头部时，我们进入了一个广阔又宁静的章鱼世界……

就在我们沉浸于这份安宁时，突然"哗"地一下，我们被喷来的水浸湿了。

迦梨用它那直径还不到 2.5 厘米的虹吸管，一发命中了我们。我们的头发、脸、上衣、裤子，全都浸在 8 摄氏度的海水中。

"为什么呀……"我有些懊恼，"它在生我们的气吗？"

"它不是在攻击我们。"威尔逊说。我们往水桶里面看去，迦梨沉到底部，用无辜的眼神看着我们。"它是在跟我们玩儿。"他说，"毕竟，每只章鱼喷水的目的都不一样。"我们又把手放回了桶里，但它并没有立刻把腕足放上来，而是把虹吸管对准了我们，像小孩子用玩具水枪瞄准目标。我躲闪得不够快，又被喷了一次，但还是忍不住想看看它接下来会做什么。它把头露出水面，水在它的虹吸压力下涨起来。显然，它可以非常精确地调节水流。

它还能以惊人的灵活性调整虹吸管的位置。我之前以为，这个器官虽然柔软，但也只能牢牢地固定在它头部的一侧，但迦梨用行动推翻了我的猜测。前一刻，它的虹吸管还在左侧；下一刻，它就旋转了 180 度到了右侧。这就像你看到一个人从嘴里伸出舌头，接着伸出耳朵，然后又伸出另一只耳朵一样令人惊讶。

迦梨把腕足上的吸盘撑起来，就像撑开裙子上蓬松的荷叶边。然后，它向我们挥动腕足。它要是一个人的话，这样的动作就是在挑逗我们，催促我们再和它比试一番。

时间过得很快，我该走了。走之前，我去楼下的淡水区和斯科特道别。那天早些时候，我已经向他道过歉，因为我给他添了不少麻烦。每次我来，他都要请人去大厅把我带到非展览区来。有几次我想一个人去非展览区，都在半路上被不认识我的工作人员拦了下来——他们担心我是小偷（水族馆里确实会有东西失窃。之前水箱没有上锁，最常被偷的是小型龟类，比如比尔养的红腹伪龟）。因此，为了让我能在水族馆畅行无阻，斯科特和水族馆志愿者项目的负责人之一威尔·马兰谈了谈。

662 名成人志愿者为水族馆节省了约 200 万美元的运营成本。他们从事的工作包括清理企鹅粪便、举办教育讲座、喂养动物、给动物搬家以及协助设计新展区。另外，还有 100 多名年轻人通过实习和青少年志愿者计划向水族馆提供帮助。他们都佩戴着志愿者徽章，可以在幕后的非展览区工作。

我并不是志愿者，但斯科特将我带进了威尔的办公室。威尔给我拍了一张照片，这张照片会印在我的新徽章上。因为刚才被迦梨喷过水，我的头发还有一半湿漉漉地贴在头上。不过，威尔和斯科特给我的头衔让我喜出望外：我现在是水族馆正式的"章鱼观察员"了！

这个徽章仿佛是一个护身符。有了它，即使是在公众参观时间之外，我也可以自由进出水族馆。这确实很有必要，因为现在，让我对水族馆魂牵梦绕的事情又多了一件：奥克塔维亚产卵了。

第四章

卵

起始，终结，变化

奥克塔维亚退到了角落的巢穴里。它的巢穴在一块石头下面，现在我只能从公共展览区的玻璃那边看见它了。在夏季，新英格兰水族馆每天会迎来六千名游客。我要是想静静地看一会儿奥克塔维亚，就得避开波士顿的早高峰，赶在水族馆正式开门之前到那里。所以，我凌晨五点就起床，开车上路了。

我把车停在水族馆三楼非常抢手的螃蟹区车库里（我要是九点之后才到，那就只能停在五楼的水母区了）。进入水族馆，我向咨询台的工作人员挥手打招呼，然后开始沿着斜坡盘旋而上：经过企鹅池，池中有喧闹的小蓝企鹅、斑嘴环企鹅和南跳岩企鹅；经过蓝洞展区，看到了伊氏石斑鱼；经过古代鱼类展区，看见身体修长、银光闪闪、长着骨质舌头的龙鱼，以及长着奇特叶状鳍的古老的肺鱼；最后经过了红树林沼泽区。我走在悬挂着的北大西洋露脊鲸骨架下，停下来和电鳗打招呼，短暂地观赏了一下鳟鱼，然后前往缅因湾展区的浅滩岛水箱，看到了90厘米长、身体扁平、皮肤多疣、住在海底的美洲鮟鱇。走过太平洋潮间带展区，在通往冷水区和淡水区的"工作人员专用"楼梯和通往巨型海洋水箱顶端的电梯前，我的脚步越来越快，心跳也越来越快。接下来，我就会到达奥克塔维亚的水箱，见到这位老朋友。

它趴在巢穴的顶上，看起来睡着了。它的头和外套膜垂在一边，皮肤质地和颜色看起来与岩石没什么两样。它睁着左眼，不过瞳孔缩得只有一根头发丝那么细。它的腕足挡住了右眼，我只能看到这条腕足上的吸盘。过了一会儿，它才把腕足放下去，露出了右眼。五条腕足的尖部卷曲着，从巢穴顶部向两侧随意垂下。从我的角度看不见它的鳃，也看不出任何它在呼吸的迹象。它身体一些部分的细微摆动好像都是被水流带动的。

我站在它的水箱前面，一动不动。为了不让光打扰到它，我在手电筒前面蒙了一层布。我来得太早，章鱼展区的灯还没有打开。在这样的环境下观察它，就像是在进行一次冥想。我必须磨炼我的感官，让眼睛适应黑暗，这需要一些耐心。我需要调整大脑的状态，这样才能从眼前的一片黑暗中看见细微的变化，看见突然间出现在我眼前的章鱼。

现在，奥克塔维亚像是一幅静谧的画像。它好像比我第一次见它的时候又长大了一些，头部和外套膜的大小已经相当于家庭野餐会上的西瓜了。它的腕间膜下面，护着什么东西。我能看出这东西对它很重要，但看不清那到底是什么。就和睡着的人一样，它也会时不时地抽动一下腕足，但大多数时候还是一动也不动。

终于，在九点零五分，也就是我到达水族馆一个多小时后，它开始动了，身体一起一伏，就像是心脏在跳动。它用鳃吸了一大口海水，又用虹吸管喷了出来。它的一条腕足漫不经心地抚过身体，就像孕妇不自觉地抚摸肚子；另外两条腕足则互相摩擦，这是在清理吸盘。正因为这一系列动作，它身下的东西露了一点出来：大约40个卵，连成5厘米长的一串，每个卵的颜色和大小都很像米粒儿。这串卵从巢穴的顶部垂下来，垂在它的一条腕足上，就像一绺飘忽不定的头发掠过女人的肩膀。这些卵就是之前藏在它腕间膜下面的宝贝。

除了我能看清的这些，还有更多的卵依稀可见。有的卵串长达

20厘米，类似的卵串在它巢穴深处还有五六串，不过大多数还是被它用身体挡住了。

这就是奥克塔维亚不愿搭理我们的原因——它现在正忙于更重要的事。照顾自己的卵是雌性章鱼终其一生的工作。

奥克塔维亚开始产卵是在六月份，当时我还在非洲，但水族馆里的人也没有亲眼看见它产卵。"一大早去看它，就看见卵变多了。"比尔说。北太平洋巨型章鱼基本在夜间活动，产卵这么重要的活动当然要在夜幕之下进行才更安全。在无人打扰的夜晚，奥克塔维亚爬上巢穴顶部，把一个个泪滴形状的小小的卵从虹吸管里推了出来。每个卵较小的那头都有一根短短的线。奥克塔维亚用靠近嘴的腕足尖，小心翼翼地把每 30~200 个卵编织成一串，就像我们编生洋葱串一样；然后，再用体内腺体的分泌物，把编好的卵粘在巢穴的顶部和四周，就像成串垂下的葡萄；之后又是编织、粘住，周而复始，直到处理完所有的卵。在野外，一只雌性北太平洋巨型章鱼会在大约三周的时间里，产下 67000 到 100000 个卵。

但奥克塔维亚产的这些卵基本不可能孵化出小章鱼。雌性章鱼会在交配后将雄性章鱼的精子存放在体内。这些精子可以存放几个月，直到雌性章鱼释放卵子，再让卵子和储存在体内的精子结合。但是，奥克塔维亚在野外生活已经是一年多以前的事情了，那时候它还太小，可能还没到交配的年龄。

尽管如此，比尔还是对奥克塔维亚产卵这件事感到很自豪。即便产卵也标志着它的生命即将走到尽头，比尔也并不悲伤。随着卵数量的增加，他也越发高兴，因为在他眼里，这个过程意味着章鱼生命的圆满。

"雅典娜的生命太短暂，离开得太突然，让人一时间无法接受。"他说。雌性章鱼的一生就应该在产卵之后结束。守护这些卵，时不时给它们透气、清洁，通过这一系列动作，奥克塔维亚得以完成雌性章鱼代代相传的古老仪式。它的母亲，它母亲的母亲……一直追溯到亿万年前，所有的雌性章鱼祖先都经历过同样的仪式。

我的朋友莉兹在她的回忆录《传统方式：先民的故事》中，记录了她在布须曼人部落生活的故事。在这本书中，她深情地引用了演化生物学家理查德·道金斯曾经设想的场景："你站在你母亲身边，握着她的手。她也握着她母亲的手，她的母亲又握着自己母亲的手……"这样的血缘关系能够绵延到很远很远，往上追溯到五百万年前，那双紧握着的猿类的手。我不禁想象这样的场景：奥克塔维亚伸出一条腕足，勾住它母亲的腕足；母亲的另一条腕足又勾着母亲的母亲……长满吸盘、充满弹性的腕足，伸向时间开始的地方。一只又一只章鱼，排成连绵不断的队伍，回到新生代——那时，人类的祖先刚从树上来到地面；回到中生代——那时，恐龙还是地球的主宰；回到二叠纪——那时，哺乳动物的祖先刚开始"开枝散叶"；回到石炭纪——那时，煤炭形成了沼泽森林；回到泥盆纪——那时，两栖动物从水中出现；回到志留纪——那时，植物刚刚在陆地上生根；最终，回到奥陶纪——那时，生物还没有翅膀、膝盖、肺和多心室的心脏，鱼类也没有骨质下颚。五亿年前，潮汐的涌流比现在更为猛烈；每一天的时间更短，每一年的时间却更长；空气中二氧化碳的浓度太高，还不适合哺乳动物和鸟类生存；

大部分陆地都挤在南半球。然而，就在这样遥远的时空里，奥克塔维亚的祖先已经拥有了敏感柔软、长满吸盘的腕足，与今天的章鱼别无二致。

大多数野生的雌性章鱼一生中只会产一次卵，然后就寸步不离地守护这些卵，甚至不再出去捕猎，直到饿死。蒙特雷海底峡谷附近，距离海面约 1600 米深的地方，有一种深海章鱼。为了孵化自己的卵，它们可以在不吃不喝的情况下活上四年半，创下了章鱼中的最高纪录。

在西雅图水族馆的章鱼研讨会上，水肺潜水员盖伊·贝肯用幻灯片给大家讲述了奥莉芙的故事。奥莉芙是一只野生的北太平洋巨型章鱼，就住在距离水族馆约 1600 米的海域。这里有一个知名的潜水点，人称"2 号小海湾"。盖伊是当地潜水俱乐部的成员，他们每周二晚上都会来这个海域潜水，经常在这里碰见章鱼、六鳃鲨、狼鳗和蛇鳕。2001 年，在距离岸边 30 米的桥墩的中间，他们看到一只雄性章鱼，给它取名波派。后来，2002 年 2 月，另外一只章鱼现身了，是一只雌性章鱼，大概有 27 千克重。他们叫它奥莉芙。

奥莉芙和潜水员们混得很熟，还会吃他们递过来的鲱鱼。到了二月下旬，它却不肯出来了。它的巢穴在一堆沉到水底的木质桥墩中间，它在巢穴的两个开口处围了一圈 20 厘米高的石头作为护栏，但潜水员们还是能看见巢穴内部的情况。月底，他们确认奥莉芙已经产下了一堆卵。

"每次去看它，它的态度都不一样。"贝肯说，"有的时候它还比较好客，有的时候就明显不希望旁边有人在。"奥莉芙产卵后的第一个月，它还愿意接受潜水员们给的鲱鱼。但是，"之后，"贝肯回忆道，"它就会把鲱鱼扔回来。"

那年夏天，几百个潜水员都去看了守护着卵的奥莉芙。他们入迷地观察它用吸盘爱抚自己的卵，用虹吸管向这些卵轻轻喷水。他们看着它赶走窥视巢穴、觊觎章鱼卵的向日葵海星。六月中旬，潜水员们已经能看到卵里面小章鱼的眼睛了。"你们看，这里有一个！这里还有一个！"贝肯说。时隔多年，他在研讨会上指着幻灯片给我们看当时的照片，仍然掩饰不住言语间的那种激动。

九月底的一个夜晚，贝肯和朋友们见证了奥莉芙第一批孩子的出世。奥莉芙用虹吸管喷水，帮助新生小章鱼破卵而出，再把它们喷出巢穴的洞口。这样，它们就会随着水流漂走，就像《夏洛的网》结尾里乘着气球飞走的那些小蜘蛛一样。它们中间只有一小部分幸存者最终能够长大，在海底过上安稳的生活，其他小章鱼都会成为漂泊的浮游生物。几百万种浮在水中的细小动物和植物，构成了食物链的重要环节，产生了地球上大部分的氧气，成为世界运转的动力。

章鱼卵的发育受温度影响很大。在加州海域，北太平洋巨型章鱼的卵一般要孵化四个月；而在阿拉斯加冰冷的海域，则需要七到八个月。奥莉芙的卵孵化时间超过了六个月，这在皮吉特湾海域是比较常见的情况。它的最后一批孩子是在十一月初孵化的。就在所有的卵孵化完毕后的几天，潜水员们在巢穴外找到了奥莉芙的尸体，乳白色、半透明、恍若幽灵。两只海星正在啃噬它的尸体。

"那个场景很令人悲伤。"贝肯说，"在场的一些潜水员都不忍心看，因为它在这里生活过，又在这里死去。我们都把这个地方叫作奥莉芙的家。之后，每次我们去那里，几乎都能看到章鱼。看到这些章鱼，我们就想起了奥莉芙。这是它给我们留下的记忆。"

在与西雅图隔着整个北美大陆的新英格兰水族馆，奥克塔维亚目前还愿意接受比尔和威尔逊用长夹子喂给它的鱼。"这就意味着它还能再多活几个月。"比尔安慰我。

在这几个月里，奥克塔维亚会近距离向我们展示它的终极任务。多亏有了它，我们才能看清这一过程的细节，而这在野外是不可能的。虽然奥克塔维亚可能无法看到它的卵变成小章鱼，但水箱里会发生其他变化，其中有些变化是奥克塔维亚本身带来的——有的让人悲伤，有的非常奇怪；还有一些，就像它的卵一样，悄然预示着新生命的到来。

★★★

"它现在还是很有力气的。"威尔逊说道。感受到奥克塔维亚把长柄夹子上的鱿鱼拉走的力道，他松了一口气："还远远没到要和它说再见的时候。"

与此同时，迦梨正在慢慢长大，每一天都变得比前一天更强壮、更大胆。安娜把两只手放进水槽，把玩着迦梨从水桶洞中伸出来的腕足尖。威尔逊把盖子拧开，迦梨立刻浮上来看他。我们都把手伸进了桶里。迦梨翻了个跟头，腕足迫不及待地分别接过两条毛鳞鱼，一个个吸盘扭动着把它们传递到嘴里。它一边进食，一边用其他腕足和我们玩。我们都感觉像是沐浴在吸盘里，洗了个冷水澡。

就这样玩了三分钟，迦梨向我们投来了水炸弹，我们都受到了不同程度的波及。安娜正好被击中了脸，头发湿透了，冰冷的海水从她的鼻尖不停地往下淌。过了整整一秒，安娜才反应过来，大叫："啊!"

又过了一会儿，我们才明白这一切是怎么回事。一开始我们以为安娜叫是因为被水喷了，只不过反应慢了一点，后来才看见迦梨的三条腕足像捕蝇草一样夹住了安娜的左臂。我们赶紧帮她，每个吸盘被扒开的时候都发出了清脆的"啪"声。安娜冷静了下来，往后退了几步，离开水桶边，开始检查自己的左手：大拇指最下面的关节有两排被咬的痕迹，那是迦梨的口器留下的。

马里恩带她去水槽边清洗伤口。虽然皮肤破了，但伤口没有流血，不过也可能是因为安娜有低血压，所以才没流血。

安娜的伤口并不痛，她也没有感到惊慌，但其他人稍稍紧张了起来。走廊上的克里斯塔听到骚动赶了过来，帮助我和威尔逊一起把迦梨放回桶里，盖上了盖子。这个过程并不简单。迦梨一看到盖子，就开始努力向外爬，身体伸出水桶边缘，就像啤酒杯中溢出的泡沫。它的腕足紧紧抓住桶的边缘。我们一把它的吸盘扒开，它就又放回去，两边的速度不相上下。这么快就结束了今天的游戏，我感到有些愧疚，因为这就是迦梨一天中最快乐的活动了，它肯定不想这么早就回去。

但我们必须去照顾安娜。水族馆两名急救医护人员立刻来到了现场——安娜被咬的时候，他们就在楼上。现在，安娜反而紧张了起来。她不想小题大做，也不想引起麻烦。最重要的是，她不想因为这个就再也不能和迦梨一起玩儿。

来到现场的急救人员却很担心。虽然伤口很小，看起来都没有长尾鹦鹉咬得严重，但这毕竟是章鱼咬出来的伤口。自从桂妮薇儿咬过比尔之后，水族馆近十年来都没发生过这样的事件了。"你觉得晕吗？"他们问安娜。虽然北太平洋巨型章鱼的毒液基本对人类无害，但接触了毒液的伤口也得花上几个星期才能愈合。另外，毒液也可能造成过敏反应，比如人就会对蜜蜂蜇咬过敏。"你有烧灼的感觉吗？"他们又问。安娜说没有。没过多久，大家就弄清楚了：迦梨本可以狠狠咬下去，然后注射毒液，但它并没有，只是轻轻啄了安娜一下。安娜并无大碍。

但威尔逊吓坏了。"它居然对人有攻击倾向！"他惊讶地说道，"我和章鱼互动过不下几百回，我孙女3岁就跟章鱼玩儿了！"迦梨是他见过的最温柔亲人、活泼外向的章鱼，之前的章鱼都没这么频繁地跟人类互动过。

到底是怎么回事呢？迦梨错把安娜的手当成鱼了吗？这不太可能。即使是人类笨拙的、没有长化学传感器的手，也能摸出人的皮肤和滑溜溜的鱼鳞之间的区别。那迦梨会不会就是想随口咬点东西呢？我们的手都在水里，它也有可能咬到我们的手。但是鉴于它刚刚喷出的水流精确地瞄准了安娜，咬的这一口应该就是冲着她来的。但为什么迦梨要咬这位聪明、温柔、友善又经验丰富的年轻人呢？

我猜有可能是因为安娜的神经性震颤。丹尼过生日那天，他在发抖的时候，迦梨也喷他了。但更有可能是因为安娜目前在吃药，而且不止一种药，医生还会经常更换她要吃的药。也许迦梨能够尝出这些药的味道，这让它感到很困惑。可能它觉得安娜今天尝起来跟以前不同。其实，安娜也告诉我，她的医生最近确实给她开了别的药。

那天，我们很早就吃午饭了。为了让安娜知道她什么也没做错，我们在饭桌上讲了很多其他动物咬人的故事。那条名叫凯瑟琳的水蚺在比尔抓着它照 X 光的时候咬了他（毕竟没有爬行动物会喜欢冰冷的金属桌子）。我在水族馆的非展览区给龙鱼喂食的时候，这种原本生活在亚马孙河流域的凶猛捕猎者跳出水面，咬了我一口。被咬了之后，我扎着绷带去上健美操课，还引起了大家的围观。安娜也被很多动物咬过，甚至还被食人鱼咬过（她跟着斯科特所在的可持续性渔业组织一起去巴西，在把一条食人鱼从鱼钩上救下来的时候被它咬了）。她还被水族馆的一只小鲨鱼咬过。更让人惊讶的是，她还被鸡啄过。这次，"咬过她的动物"名单上又多了章鱼，她看起来却挺高兴。

"被咬其实还挺让人兴奋的。"克里斯塔说。虽然大多数人不会认可这个说法，但饭桌上的这圈人都同意克里斯塔的观点：动物咬人其实算是一个比较亲密的举动，尤其是那些没有恶意的海洋动物。就连袭击人类的大白鲨多半也只是对人感到好奇，而不是真的把人当成猎物。所以，也许这次迦梨咬安娜也是出于类似的心理。

在淡水区的非展览区域，有一位年轻的志愿者在墙上画了一幅卡通画。画中是一条电鳗，周围画着黑魔法的标志。电鳗的头部在放电，画面配了一句话："你试过吗？"确实，我还真尝过托尔发出的 600 伏特电流的滋味（托尔是养在非展览区域的电鳗，展览区的那条名叫"连指手套"）。我有意伸手去摸它柔软滑腻的头，然后就感受到这股电流经过我的皮肤。那种感觉就像把手指伸进插座孔一样。被电鳗电也是一种比较亲密的体验，这意味着你进入了一个外人免进的秘密天地。

当然，这样的想法多少带有一种鱼类迷的傲慢。大多数时候，被咬都是偶然事故。我们也都知道，事故出于麻痹大意，并没什么值得骄傲的。但即使是事故，被动物咬也能够说明，在这个大多数人与自然世界渐行渐远的时代，我们这些人有机会和动物接触。虽然水族馆里的这些动物身处牢笼，但它们在内心深处依然保留了野生动物的习性。被鱼或者章鱼咬，至少可以说明我们为了离自然更近一些，甘愿把自己的一小部分交给这里的动物。

★★★

奥克塔维亚产卵的这个夏天，我在所到之处都能看到一些变化。

章鱼正是擅长变化的大师。某天，我发现奥克塔维亚浑身变得苍白，白得像酒店的床单。而在这之前，它的身体只会部分变为这个颜色。随着章鱼年龄的增长，控制色素细胞的肌肉逐渐失去力量，于是章鱼越老，皮肤就越容易呈现出白色。另外一天，我又发现奥克塔维亚右边第三条腕足的尖部断掉了。这不禁让我反思：是不是这部分之前就断掉了，只是因为它的腕足总是在动，所以我们一直没看清楚？朱莉·卡鲁帕在威斯康星大学学医，同时也是一名潜水员。她在一篇文章中写道，失去一条腕足的北太平洋巨型章鱼能够在六周之内长出原来腕足三分之一的长度。蜥蜴断尾之后重新长出来的尾巴在各方面都不如原来的尾巴，而章鱼就不同了，新长出来的腕足和原来一模一样——神经、肌肉色素细胞，甚至吸盘，全都完好如初；就连雄性章鱼特有的茎化腕都能重生（不过据说花的时间要比一般的腕足长一些）。

迦梨也在不断发生惊人的变化。有一天，我们发现它居然在"训练"人类。那天，威尔逊打开盖子的时候，我、克里斯塔、马里恩和安娜都凑了上来。迦梨已经在水面等着我们了，还是红棕色的身体，一双好奇活泼的眼睛正盯着我们看。打开盖子的那一瞬间，它的两条、三条、五条腕足争先恐后地攀上了水桶的边缘，随后整个身子开始往外涌，吸盘抓住我们的手以及一切可以借力的地方。我们轻轻地把吸盘从桶的外壁扒开，毕竟我们希望它乖乖和我们玩，而不是试图逃跑。它用弯曲的腕足试探了一会儿我们的手臂，随后突然下沉，翻了个跟头，就像是小孩子瘫在地上耍赖闹脾气。然后它又游上来，还是保持倒立的姿势，就这样在水面待了一会儿，像撑开的雨伞一般舒展开身体。就在我们谁都没有注意到的时候，一股水流朝我们袭来。

在场的几位女士的裤子和鞋湿了，但只有它最喜欢的、亲手递给它第一条鱼的威尔逊全身都被水浇了。"这是冲我来的呀！"威尔逊的脸上在滴水，"真是个难搞的小章鱼。"

这次迦梨喷人又是为了什么？是因为我们在它想探索世界的时候强行让它回去？还是说它只是在闹着玩儿？

我觉得都不是。我觉得它是在用水枪瞄准我们，"威胁"我们去给它弄条毛鳞鱼。"我认为它是想让你给它一条鱼。"我对威尔逊说，"这是它现在最想要的东西。"

装鱼的桶离迦梨的水桶只有一臂远，威尔逊很快就拿来了鱼。他把一条鱼放在迦梨的吸盘上，然后克里斯塔又在它另外一条腕足上白色柔软的吸盘里放了第二条鱼。它立刻就安静了下来。它还是倒立着浮在水面上，腕足向四面八方展开。这个姿势让我们非常清楚地看见了它闪闪发光的黑色口器，就连威尔逊也是第一次在活着的章鱼身上看到平时藏起来的口器。它赋予了我们无比的信任，才会让我们看见这个一般秘不示人、藏在腕足之间的部位。第一条毛鳞鱼被它用一个个吸盘传向口器，超过7厘米长的毛鳞鱼不到十秒就消失在了它的嘴里。第二条鱼吃得慢一些，迦梨用口器嚼了几下，翻出了毛鳞鱼粉色的内脏。然后，这条鱼慢慢滑进了它的嘴里。

那天之后，我们每次打开盖子，都会给迦梨送上一条鱼或者一只鱿鱼作为见面礼。一整个夏天，迦梨再也没有喷过我们。

现在不止我们，还有其他很多人也会来找迦梨玩儿。威尔逊担心可能人有点太多了，迦梨会受刺激，就早早地盖上了盖子。

于是，迦梨吃饱了，旁边又围了一大群人，我什么也看不到。每当这种时候，要是冷水展区和淡水展区也没什么要紧事的话，我就会和安娜、克里斯塔一起逛水族馆，看看别的展区和水箱。这种情景很像和闺蜜逛街，路过街边五光十色的橱窗。不过对我们来说，每个水箱更像是一处心灵的栖息地。我们在一块块水箱玻璃外感受海洋的美丽与奇异，灵魂一次次受到净化。

距离奥克塔维亚的住处两个水箱远的地方，是另外一个神奇的水箱，里面住着一只近 1 米长、身体扁扁的美洲鮟鱇。它巨大的嘴里长着又长又尖、向内弯曲的牙齿，身体的颜色和质地看起来就像海底的沉积物。然而，它上方的水面漂着一层长达 18 米的轻纱，上面镶嵌着"珍珠"和"钻石"。这层轻纱其实就来自这条美洲鮟鱇，"钻石"是气泡，"珍珠"是它的卵。这层轻纱既精致又庄严，比任何一条婚纱的拖尾都要美丽，没人会想到它来自一条与它如此不相称的鱼。

　　比尔认识这条美洲鮟鱇九年了，他也知道它怀孕的事。上周末，他带一群十几岁的小孩参加夏令营。这个任务很漫长也很艰巨，但他还是抽出时间在周日晚上回到水族馆，检查这条美洲鮟鱇的情况。"我很紧张。"他告诉我们，"它体形太大了。"之前的一条美洲鮟鱇体形是这条的两倍大，最后他们不得不把它运到魁北克的水族馆，因为那里的水箱更适合它的体形。它第一次产卵造成了器官脱垂，后来做手术才修复过来。第二年，它的卵卡在了身体里面，有点像人类遇到臀位分娩的情况，兽医又给它做了手术。第三年，它又产卵了，这次兽医不得不把它的两个卵巢都摘除了。虽然之前那条坚强的美洲鮟鱇做了三次手术都活了下来，但比尔希望这条年轻一点的不需要再经历同样的痛苦。

　　"它很不舒服，"比尔说，"看起来胀得就像吞了一个篮球一样。它甚至都没办法在水箱底部好好休息。"不过，前一天晚上，他在去看了它之后终于放下心来。它顺利产下了卵，卵的轻纱就像夜空中的银河一般，漂浮在黑暗的水面。和奥克塔维亚的卵一样，这些卵也不会孵化，但这并不影响它们的来之不易和摄人心魄的美丽。

每到一处，我们都会看到生命惊人的变化。在叶海龙水箱，我看到雄性叶海龙孵化后代。它们有像负鼠一样的育儿袋，孵化完成的小叶海龙会从爸爸的育儿袋里喷出来。在巨型海洋水箱，住在珊瑚礁附近的染色尖嘴鱼刚出生的时候还是黑色或棕色的雌鱼，长大之后就会变成雄性。即使是最常见的海洋动物也堪称奇迹，比如水母（馆里的不少水母就是在这里出生的），它们一开始是受精卵，孵化之后变成随波逐流的浮游动物，然后就会长成棕色的小球，像水螅一样附着在岩石上或码头堤岸边。一开始，它们只是不起眼的小东西，就像卡在你鞋底的小沙子——你随手刮掉，根本不会多看一眼。但一转眼的工夫，它们就会变得美若天仙。

"在海里，一切皆有可能。"那天，我和克里斯塔还有安娜一起站在巨型海洋水箱前面，看着鳐鱼和海龟悠哉游过，发出了这样的感慨。

"你们不想和它们一起游吗？"克里斯塔说。

"你们不想和它们在真正的大海里一起游吗？"安娜说。

"好呀，就这么办！"我说，"今年夏天我们就一起去学潜水！"

那天中午，我们和斯科特、威尔逊一起在大家最爱的一家墨西哥爱尔兰混合风味餐厅吃午饭。我们在饭桌上向斯科特和威尔逊宣布了要去学潜水的计划。斯科特也非常赞成。他经常需要潜水，在水下进行一些研究和收集工作，潜水的地点之一就是西印度群岛。水肺潜水的标准操作流程禁止潜水员一个人下水，必须两人一组。斯科特答应要和另外一个研究员组队，这位研究员要研究的动物的活动时间基本在日出之前。斯科特的潜伴是个很有经验的潜水员，基本不需要另外一个人在旁边监测。不过，斯科特还是会在每天凌晨四点半准时陪他下水。他们的作业地点是水下 2.4 米处的一个洞穴。筋疲力尽的斯科特会把氧气瓶绑在身上，出气阀放进嘴里，再给浮力控制背心充满气，然后停在几丛脑珊瑚下面，睡上两个小时。两个小时过后，潜伴就会叫醒他，然后和他一起回到酒店。"那段时间，每到夜里，"斯科特说，"我都会在床上惊醒，忘了我不在海里，还到处找我的出气阀。"

我问他，潜水的时候要是想咳嗽或者打喷嚏怎么办。"不要紧，他们甚至会专门教你怎么在水下呕吐。"斯科特告诉我。他还说，有些游客购买了水族馆巨型海洋水箱的潜水通行证，曾经有人下水之前喝多了，真的在里面吐过。

★★★

奥克塔维亚把一条腕足压在身下，还有一条腕足吸在墙上。另外一条腕足上，28 个直径超过 2.5 厘米的大吸盘吸住了巢穴的顶部。它的腕间膜像窗帘一样随意垂着。到了八点二十五分，它开始用腕足把卵带往水箱深处扫，动作幅度很大，就像主妇在用吸尘器打扫百叶窗和窗帘。这个动作持续了两分钟。然后，它转过身，用虹吸管朝着卵喷水——怪不得它的卵一直这么白。但它是如何避免扯开卵的连接处的呢？

章鱼水箱的柔和灯光亮了起来，工作人员开始为迎接游客做准备。奥克塔维亚把水吸进鳃里，身体因此变得更大。它的外套膜鼓得圆圆的，像盛开的粉色兜兰。我留意着它呼吸的间隔，十六秒、十七秒、十五秒……然后看见它的一条腕足尖打结了。它把结打开，再把腕足尖盘成三道螺旋，动作自然随意，就像不经意间画了几笔涂鸦。

它花了整整三秒，吸了一大口水，整个身体都涨起来，只有左前方的腕足在动，清理着水箱深处放着的卵。

九点刚过十分钟，游客进来了，我听见幼儿的尖叫声。这标志着我与奥克塔维亚独处的黄金时间就要结束了。不过，之后的一个小时，我也会待在它的水箱前。这时的体验会有所不同，但同样很有意义：虽然我的视线会被摩肩接踵的游客们挡住，但我可以沉浸在各种声音中，倾听人们对章鱼的感情、回忆，以及误解。

"看啊，这里有一只章鱼！"一个年轻女人叫道。

"真漂亮！"她长着胡子的同伴说。

"有点怪，但确实漂亮。"站在两个人后面的高个子女人补充道。

"那是章鱼吗？"一个小男孩指着水箱底部问道。

"不是，那是海葵。"他的爸爸回答他。

"它是章鱼的敌人吗？"男孩有些担心。

我指着角落里的奥克塔维亚，又给男孩看它的卵。"哇！"他感叹，然后宣布，"我是个科学家、动物拯救者、海洋探险家！"说着，男孩跑开了，可能是去拯救海洋了。他父母在后面追他。

九点二十分，又有一家三口来到我旁边。"哇！章鱼！"那位母亲阅读着水箱旁边写着简介的牌子。不过，他们完全没看见角落里的奥克塔维亚，于是我给他们指了一下，还指了指它的卵。他们表现得非常感兴趣。"那里面会孵出小章鱼吗？"大约 8 岁的小男孩问道。我向他解释，因为没有爸爸章鱼，所以不会有小章鱼。"这里只有未受精的卵，就像没有公鸡的时候，母鸡还是会下蛋一样。"

男孩显得有些伤心。"它需要一个男朋友！"他叫道。他的父亲也表示同意。"水族馆能不能给它配一只雄章鱼呢？"他问。我承认这是个很浪漫的想法，但是很遗憾，并不能。我告诉他们，章鱼可能会同类相食，特别是在水族馆这样并不开阔的环境里，给章鱼安排一个没见过的对象会有很大的风险。如果它们互相看不惯的话，也没有办法直接逃走，所以在这里约会对章鱼来说，比在野外更加危险。

"那不能给卵里面注入精子吗？"那位母亲问。

章鱼不能进行体外受精，注入精子的过程必须在产卵之前完成。我这时想到，如果这些章鱼卵真能孵化出小章鱼，那又会有新的问题："如果真能受精，那这些卵全部孵出来，我们要拿这么多只小章鱼怎么办呢？"

"卖给其他水族馆！"那位父亲说。看来他很有商业头脑。

这一家三口似乎都很希望奥克塔维亚的卵能孵出小章鱼。他们看起来很幸福，所以也带着善意，希望奥克塔维亚也能拥有幸福的家庭。

奥克塔维亚举起离我们最远的一条腕足，开始轻轻地拍自己的卵。它把吸盘鼓起来，一个个清洁，然后翻过腕足，又翻回来。这时，它的眼睛上方出现了两个犄角一样的乳头状突起。

"呃，摸上去肯定很恶心！"一个十几岁的女孩说。她和另外两个朋友站在一起，三个人都穿着紧身牛仔裤、短夹克，画着浓浓的眼妆。她年轻的面孔上充满了厌恶。"但是你看，"我把扬声器对准嘴边，"看见它的卵了吗？"我指着从洞穴天花板上垂下来的一串串白色小球。"那些都是它的卵，足足有几千个！它把它们照顾得非常好。"

"不会吧！"刚才第一个说话的女孩开口了。"太酷了吧！"她的一个朋友也附和道。她们的表情变得柔和起来，之前因为恶心而紧紧闭上的嘴巴现在张得大大的，瞳孔也渐渐张开。"没错！看见它用腕足拍那些卵了吗？它就是用这种方法，让卵保持干净并且接触到足够氧气的。"

"哇！"女孩们现在的反应就像看到了一只小狗。一分钟前，奥克塔维亚在她们眼里还是一只黏糊糊的怪物。现在，它已经变成了一位可爱的母亲。

"卵什么时候能孵出小章鱼呢？"她们很好奇这一点。

我摇摇头，向她们解释为什么这些卵孵不出小章鱼。一个女孩的眼底甚至开始闪烁泪光。

我又告诉她们一些关于章鱼的知识，希望她们会对章鱼更加感兴趣。我讲了奥克塔维亚的毒液、口器和伪装的能力。但这些女孩一言不发，脸上的表情也变得冷漠。看来这些并没有赢得她们的心。

这时，奥克塔维亚把一条腕足的尖部伸进了外套膜的开口。"可能它是在挠痒。"我说。女孩们的表情重新变得柔和起来。"有可能。"一个女孩说。我们都笑了。

她们并不想知道奥克塔维亚与人类有多么不同，她们想知道我们的相似之处。她们知道痒的感觉，也能想象当母亲的感觉。这次短暂的相逢改变了她们的想法。现在，她们能够与章鱼共情了。

　　她们都用手机拍了照片，走的时候还向我道谢。"照顾好那位小小的母亲。"一个女孩轻轻对我说。

★★★

　　到了八月，是时候开始认真考虑学潜水的事了，要不然等新英格兰的海水变得太冷或者风浪变得太大，那时候就不太适合潜水了。安娜的低血压会导致她晕倒，所以在情况好转之前，她都不太适合学潜水。于是，学潜水的只剩下我和克里斯塔两个人。我去斯科特推荐的潜水商店报了班。这家店名叫"潜水员联队"，在萨莫维尔市附近。傍晚六点一刻，我回到了水族馆，正好赶上水族馆的"感恩青年之夜"。水族馆每年都会为了感谢青年志愿者的付出而举办一次这样的活动。我从三五成群的青少年和家长身边溜过，来到奥克塔维亚的水箱前。它的身体鼓鼓的，皮肤上没有任何褶皱和突起，像吹好的气球一样平滑。

　　它像一颗巨大的肿瘤，又像因为病变而肿胀的内脏，这个样子让我心头一紧。我看不见它的鳃、虹吸管和眼睛，这更让我担心了。它现在背对着我，猫和狗在忍痛的时候也会这样。除了一条垂下来的腕足，其他的吸盘都朝向水箱内侧，有的护住它的卵，有的粘在巢穴的四周。在我头灯红色光线的映照下，它的皮肤呈现淡淡的粉色，上面有红褐色的花纹，就像很多老年女性腿上会出现的蛛网状静脉扩张。它的腕间膜看起来也灰灰的。

我不禁感到惶恐不安。我从没见过它这个样子。它要死了吗？我没有人可以联系，毕竟谁也没有办法。雌性章鱼在产卵几个月之后就会死去，这是自然过程，任何人都阻止不了。

但我不想眼睁睁地看着我的朋友死去。

突然，威尔逊出现在我身边，仿佛是在回应我的祈祷。他的孙女索菲也是今晚受到表彰的青年志愿者之一。他来检查奥克塔维亚的情况，没想到我会在这里。

"它不太对劲。"他担忧地看着奥克塔维亚，"我从没见过那样的皮肤纹理。但你要知道，它快走到生命的尽头了。如果今晚真的是它的最后一晚，你要怎么办？"

我不想让自己的情绪成为威尔逊的负担。毕竟，他也面临着同样的情况。他妻子的病情扑朔迷离，不容乐观。

威尔逊和我站在那里，静静地看着奥克塔维亚。它现在有没有在想些什么？如果有的话，我能理解它的所思所想吗？在它神秘又与众不同的思维殿堂里，究竟有些什么？

学习能力、记忆力、注意力、感知力，这些都是可以评估的，相对来说比较好理解，易于研究。但意识，用澳大利亚哲学家戴维·查尔莫斯的话说，是"一个难题"，因为人们难以触碰到深层的自我。有的哲学家则认为，"自我"本身就是一个没有根据的概念。"科学并不需要所谓深层的自我，"心理学家苏珊·布莱克默写道，"但很多人却信誓旦旦地说我们有这种东西。"

"所谓自我，"苏珊接着写道，"只是一种稍纵即逝的感觉，随着每次经历唤起，而后又消失……并没有什么'深层的自我'，那只是并行的多个经历带来的一种无害的幻觉，一种有益的虚影。"苏珊认为，意识本身只是一种虚构。

某些文化也认为，没有持续存在的自我。生命消逝后，自我也会消失于无尽的时间，如同一粒盐消溶于海洋。有人可能会因此感到悲伤，但神秘主义者会说，孤独的自我与永恒的海洋融为一体，也是一种解脱，一种终极的智慧。

★★★

七点零五分，奥克塔维亚终于动了。它的一条腕足慢慢抚摸着最靠近玻璃窗口的那部分卵。它还是背对着我们，身体肿胀，呼吸起伏很不明显，只有一个吸盘吸在巢穴的顶部，就像只用一个钩子挂着的蚊帐。

七点二十五分，它的身上出现了一些乳头状突起，出现得很慢，数量也很少，整个皮肤依然呈现出我和威尔逊都从未见过的光滑质地。

到了七点四十分，奥克塔维亚突然转过了身。从这个角度，我们能看见它的一只眼睛和狭长的瞳孔。我和威尔逊都屏住了呼吸。它的皮肤上开始出现更高的突起。它把一条腕足伸进鳃里，然后所有腕足都开始激烈地挥动。在它完全转过身来面对着我们时，我们看见了之前藏在它身下的卵，足足有几千颗。

奥克塔维亚仿佛从恍惚状态中醒了过来。突然，它开始快速转动腕足，白色的吸盘在水中飞扬，就像跳康康舞①的舞者裙摆上的荷叶边。它从虹吸管里喷出一道强力的水流，随着水流冲出来一些白色的纤维状物质。那是什么？是排泄物吗？还是卡在鳃里面的泥？排出这些物质之后，奥克塔维亚恢复了一些活力，重新开始用吸盘轻轻地抚摸、清洁自己的卵。

危机解除了。威尔逊也回到活动现场去陪孙女了。八点一刻，奥克塔维亚用腕间膜罩住它的卵，身体则伸出洞穴顶部，倒挂在外面。现在的它看上去是个健康的章鱼妈妈。我只能看见一小部分卵，就像黑色绳子上串着的一粒粒小珍珠。到了八点二十分，它看起来睡着了，我也差不多要回去睡觉了。这天晚上，我住在水族馆同一条街上的一家酒店，因为我想在水族馆早上对员工开放的第一时间，就立刻见到奥克塔维亚。

第二天早上七点，我又来看它，它已经和昨晚完全不一样了。它现在的皮肤又出现了正常的突起和暗色的斑点，容光焕发，恍若新生，完全就是一只健康的章鱼、一位勤勉的母亲。它的一条腕足在轻轻拍着离水箱玻璃最近的一片卵，仿佛是坐在公园长椅上的母亲来回推着婴儿车。我看不见的那些腕足现在正干什么呢？我看不见的那些卵现在又怎么样了？章鱼展区的灯还没亮，我也没有戴头灯，我根本看不见它。

---

① 起源于法国，是一种轻快粗犷的舞蹈，以其热烈奔放的风格和"掀裙踢腿"的动作而闻名。康康舞常由妙龄女郎身着艳丽服饰表演。她们的衬裙长及地板，有繁复的波浪形皱褶。

　　　　　　　　章鱼的灵魂 ｜ 走进章鱼的奇妙意识世界

"每天早上我来看它的时候都很担心。"我身后有人走过来,是一位我之前没见过的实习生。她说:"我真的很怕某天走进来,发现它的尸体沉在水底。"她早上来上班的第一件事就是替比尔清理章鱼水箱,每周清理一次。最近,她发现奥克塔维亚的卵正在萎缩,有些卵沉到了水底的碎石子之间。我们不知道奥克塔维亚有没有发现这件事。如果它注意到了,会不会因此感到伤心?

这里的每个员工都知道了奥克塔维亚产卵这个让人悲喜交加的消息。他们看向奥克塔维亚的眼神都变得无比温柔。

"你觉得它认识我们吗?"每天清洁章鱼水箱外壁玻璃的清洁工问,"它知道我们在这儿吗?"

"我觉得它认识我们。"我回答道,"但我不知道它在不在乎我们,毕竟它要照顾自己的卵。你觉得呢?"

"我觉得它知道我们的存在,我听说章鱼很聪明。"这位女士说,"我每天都会来看看它,感觉它也注意到我了,不过我也说不上具体的理由。"

奥克塔维亚的一只眼睛对着我们。这只眼睛现在呈现出古铜色,而不是之前的银色。我看不出来它现在是在看着我们,还是像人一样在发呆,想一些心事。它看起来身强体健,但很呆滞,没有生气。它每二十秒呼吸一次,然后呼吸间隔变为二十四秒,又变为十五秒、十八秒。它是不是处于一种在章鱼身上很少见的状态?就像人类女性一样,生育之后就会发生巨大变化?我有很多之前活泼外向的朋友,生完孩子之后就完全变了。原本两个小时的音乐会都坐不住的人,现在可以抱着孩子坐上很久,即便小婴儿只会吃奶、睡觉、哭闹。这可能是因为，女性在生育后，体内的激素水平会发生变化，产生大量被称为"抱抱荷尔蒙"的催产素。也许奥克塔维亚这么专注地照顾它的卵，也是受到了类似的激素影响。章鱼体内确实有一种类似于催产素的激素，科学家将它命名为"头足类催产素"。

"我们猜测章鱼体内存在某些和人类一样的激素，然后通过实验真的找到了这些激素。"在西雅图会面时，珍妮弗告诉我。西雅图水族馆的研究团队在那次研讨会上展示了实验形成的论文，详细介绍了他们是如何在章鱼体内发现这些激素的。雌性章鱼体内有雌激素和孕酮，雄性章鱼体内有睾丸素，所有章鱼体内都有皮质酮。雌性章鱼在遇见雄性以及产卵的时候，体内雌激素水平会飙升。雄性章鱼的睾酮水平在遇见雌性章鱼时也会上升。

激素和神经递质都是与人类的欲望、恐惧、爱意、喜悦、悲伤等感情高度相关的化学物质。同时，这些物质也"存在于很多物种体内"。这就意味着，无论你是人还是猴子，鸟还是海龟，章鱼还是蛤蜊，与你的情绪起伏相伴的生理变化都是相同的。就连没有大脑的扇贝在被捕食者追赶的时候，小小的心脏也会加速跳动，正如你我被抢劫犯纠缠，也会有同样的反应。

"章鱼，真恶心！"一个 6 岁左右的男孩在我身后喊道。然后，另一个声音在我身边说："在我看来，今天的它格外美丽。"是安娜来了。

"有一段时间，我会很早就来到这里，然后在它面前站上一整天。"安娜说着，那个男孩已经离开了，"那个时候我最好的朋友自杀了。"

"天呐，安娜！"我低声说，"这太让人悲伤了。"

"她的人生很顺利，还有那么多的朋友。大家不敢相信她会自杀。"安娜继续说道。

安娜经常身体不舒服。她有非常严重的偏头痛，一旦发作就钻心地疼。每次发作之前，她都感觉有虫子在脖子上爬。她还有严重的失眠症状，无法集中注意力，思考事情也力不从心，这些都是孤独症患者的常见症状。再加上青春期的激素水平波动，一切都让人难以忍受。

我们一起站在那里看着奥克塔维亚，安娜向我讲述了她过去的经历。在她朋友自杀之前，她也尝试过自杀。

我感到十分震惊，指着奥克塔维亚，转头问安娜："你要丢下它吗？"

"那时候我还没有来到这家水族馆。"安娜说，"要是我当时知道，人类只探索过海洋的百分之五就好了……"

她的声音逐渐低了下去，但我知道她在想什么。要是当时她把这些告诉她的朋友，也许她的结局就会与现在不同。谁会舍得离开海洋这个广阔、热闹的蓝色世界呢？温柔的海水会带走一切痛苦，治愈全部伤痕，抚慰所有灵魂。

安娜就是在海洋的包围下获得了新生。之后的某一天，安娜凌晨两点半给我发了一封邮件。在邮件里，她向我吐露了更多心声。

"我最好的朋友，名叫萨拉。"她写道，"事情发生的前一天晚上，我还见过她。"但第二天早上，安娜开始担心起来。萨拉告诉安娜她去男朋友家里过夜，告诉安娜的父母她回家了，告诉自己的父母她在安娜家过夜，但她并没有去这三个地方。到了早上，她也没有回家。

那个周一，安娜正在喂一条名叫蒙迪的亚马孙鲇鱼时，接到了萨拉姐姐的电话。她告诉安娜，萨拉没有去男朋友家。"接到电话之后我就哭了。水箱里的龙鱼咬了我一口，但鲇鱼当时就乖乖让我摸它。"她在邮件里写道。

在那之后，安娜心烦意乱，没有心思工作，所以她妈妈来水族馆把她接走了。在开车回家的时候，萨拉的姐姐又打来一个电话，说她找到了萨拉留下的遗言。后来，他们在距离安娜家十分钟路程的一个小池塘里发现了萨拉的尸体。她是在水里溺死的。

接到消息后，安娜给斯科特和戴夫打电话，说她明天不能来工作了，但他们两个人都对安娜说了差不多的话："如果你觉得来水族馆会让你好受一些的话，那还是来吧。"她那天还是去了水族馆，后面一天也接着去了。那个星期三，她在冷水区工作时，戴夫建议她和奥克塔维亚一起玩一会儿。"在那之前，我已经在清洁水箱的时候和它接触过很多次了，我负责把它从水箱里拿出来。"安娜写道，"我觉得我还挺了解它，它应该也感觉到我遇到了一些不好的事。它比平时更加温柔，它的腕足放在了我的肩膀上。不知道为什么，我就是觉得它懂我……和一种动物相处久了，你自然就会明白它们什么样的行为是正常的，什么行为和平时不同。"

"我发现，和它在一起的时候，我更容易表达出自己的感情。"安娜写道，"我伤心的时候，神经性震颤会变得更加严重。我的手拿不住东西，体温也会下降。奥克塔维亚出来之后，我才感觉不用再屏住呼吸。它从水箱出来之前，我还在哭。抱着它，我才停止了哭泣。"

那个星期，除了参加萨拉葬礼的那天，安娜每天都去了水族馆，还成了五月份的"月度志愿者"。

那一年，安娜在学校过得非常艰难，偶尔还会用药物来减轻痛苦。但在水族馆的时候，她从来不会服用药物，连去水族馆的前一天晚上也不需要吃药。"在水族馆的时候，我只想心无旁骛地沉浸在这个环境里。"她在邮件中写道。

"那个夏天是我人生中最糟糕的一段时期，但同时，我也在水族馆度过了最美妙的时光。"安娜的文字中流露出不符合她年龄的智慧，"这段经历让我明白，快乐和悲伤其实并不相斥。"

悲喜交加，这也是我们现在看着奥克塔维亚的感觉。这位与我们如此不同的动物朋友在生命的尽头，以无比的执着和温柔照顾着自己注定无法孵化的卵。这样的场景既让人钦佩，又令人心碎。

弗朗西丝·霍奇森·伯内特在著名的儿童文学作品《秘密花园》中描绘过动物的卵是多么地美丽庄严："要是花园里有一个人不明白知更鸟的心思，拿走或者伤了它的蛋，整个世界就将天崩地裂，世界末日就会来临……就算在金色的春光里，也毫无快乐可言。"对动物来说，卵值得倾注所有的爱，而倾注所有的爱，就意味着保护好它们。这种爱意纯净无瑕，从洪荒时代萌芽，刻入亿万物种的血脉，延续到世世代代。难怪先哲曾说，真爱是永恒的。

安娜明白这个道理。奥克塔维亚照顾着无法孵化的卵，安娜也装饰着朋友的坟墓。她告诉我，她会留意形状奇特、颜色美丽的小石头，带到萨拉的坟前送给她。她知道，爱会超越一切，即使是死亡也无法消抹真爱。

虽然奥克塔维亚的卵永远也孵不出后代，但看到它如此殷勤、优雅地照顾这些卵，我们依然感到很欣慰。这只成熟的雌性章鱼会满怀着爱意，结束自己短暂而又奇异的一生。

★★★

八月末，奥克塔维亚还是很精神，身体也不错。比尔告诉我，前一天他在给住在章鱼水箱里的海星和海葵喂食的时候，奥克塔维亚伸出腕足，从它们手上迅速抢走两条毛鳞鱼，塞进嘴里吃掉了。"它应该还能活很久。"比尔说，"也是因为这个，我想调整一下我们对迦梨的安排。"

用威尔逊的话说，迦梨"有点不对劲"。先是用水喷人，然后又咬了安娜，后来又用喷水威胁我们给它鱼。最近，它的状况有些怪异。我们把盖子打开的时候，它会游到水面，但不会停留很久，过了一会儿就又沉了下去，皮肤发白，在桶底望着我们。我问比尔他有没有感到担心，他说："目前还没有。"

我和威尔逊去看它的时候，它又出现了同样的反应。它像个充满气的气球一样浮到水面，外套膜鼓鼓的，腕间膜像饱满的帆。但这次，它没有翻过身子来给我们看它的口器，也没有跟我们要毛鳞鱼。威尔逊把它左边第二条腕足翻了过来，让吸盘朝上，在上面放了一条鱼。迦梨接住了。不过这次，它没有像往常一样在我们面前

　　　　章鱼的灵魂 ｜ 走进章鱼的奇妙意识世界

吃掉鱼，而是带着鱼沉到了水桶底部，把鱼放下了。奇怪的是，它似乎只想看着我们，不想跟我们玩儿。威尔逊合上了盖子。

下午，威尔逊、克里斯塔和我又去看迦梨。打开盖子之前，它已经在水面等着我们了。它用吸盘轻轻吸我们的手，玩儿了大概半分钟。在碰到我手上的创可贴时，它察觉到这是以往没接触过的东西，动作停了一会儿，然后继续试探性地抚摸。很快，它放开了我们，沉到水底，我的心也沉了下去。它生病了吗？还是厌倦了身边有这么多人？是不是在这个空间狭窄、什么都没有的桶里面待腻了？它不在乎我们了吗？

然而，当我从水桶边走开，去跟比尔说话的时候，迦梨立刻浮了上来，皮肤也变红了。它是在找我吗？威尔逊在水桶边喊我回来。我过去轻轻摸它的头，它就在水面静静地陪了我几分钟，然后又沉了下去。它在水底抬头，向我们投来神秘莫测的目光。

威尔逊有点担心。那天我走了之后，他和比尔谈了谈迦梨的情况。"迦梨见到的人比其他章鱼见的都多。你觉得呢，比尔？"他问。

"我也这么觉得。"

"上个星期，所有人都在，我说来看迦梨的人太多了。"

比尔同意威尔逊的看法，他其实也在考虑这个问题。包括珍妮弗在内的很多研究者证实，章鱼的一生中，有70%~90%的时间会把自己塞进狭窄的洞穴里。即使迦梨现在身处一个狭窄的环境里，有的时候它还是会不太开心。要是有人来找它的时候，它并不想和那个人玩儿，住在水桶里的它也不能跑到别的地方去，不像大水箱里的奥克塔维亚可以躲进自己的巢穴。用威尔逊的话说，住在水桶里的迦梨是在"坐以待毙"。

几个星期前，在征得比尔的同意之后，我把一个干净的陶壶放进迦梨的水桶里，这样它就可以躲进去。在明德学院的章鱼实验室，章鱼们都特别喜欢这种陶壶。那里的研究人员甚至会把它作为奖励，送给正确走完迷宫的章鱼。但据我们所知，迦梨从没用过我给它的这个壶，因为我们没见它躲进去过。盖子打开的时候，它一直浮在水面上，所以后来比尔把壶拿走了。迦梨长得很快，已经有奥克塔维亚的三分之二大小了，水桶的空间对它来说也不太够了，把壶放在里面只会占地方。

但比尔也想不到其他可以安置迦梨的地方。他不能让迦梨住进奥克塔维亚的大水箱，因为只要两只章鱼住在一起，就一定会发生你死我亡的争斗。"我在想，能不能给迦梨安排一个新住处。"比尔对威尔逊说。

但这种事情说起来容易，做起来难。"给水族馆里的动物重新安排住处这种事情，就像推多米诺骨牌一样，牵一发而动全身。"威尔逊对我说。"你要给这条鱼搬家，就要先给另一条鱼找到新住处，因为每个水箱的居民都是安排好了的。要改变一条鱼的位置，就得先把它要去的那个水箱腾空。"他说，"搬去哪里、什么时候能搬，并不完全是我们能决定的。"每天，水族馆都有动物出生、死去。很多动物是员工外出调研时带回来的，也有美国鱼类及野生动物管理局移交的。有的动物被送到美国和加拿大的其他水族馆，这些水族馆也会送来一些动物。

水族馆居民来来去去，经常会带来一些意外的棘手事件。某天早上，比尔收到了匿名人士送来的一只重达 9.5 千克的龙虾。那天，埃尔默船长鱼市有一场给某个癌症研究所筹款的抽奖活动，这只龙虾就是活动奖品。它的钳子特别大，出了水甚至举不起来。还有一次，淡水展区迎来了 18 条亚马孙江魟，每条都有浴室地垫那么大。它们之前的主人是个下身瘫痪的男人，把它们养在公寓一楼的巨大水箱里。但是公寓要翻新了，并且这些江魟长得太大，水箱里已经装不下了。他很感谢水族馆能接手这些鱼，但水族馆的车把鱼接走的时候，他还是哭了。

某个星期三，我在看过奥克塔维亚之后上楼，看见斯科特正带着人捉神仙鱼。

他们总共要捉 26 条神仙鱼，再加上 16 条下口鲇、1 条百合撒旦鲈、17 条珠母丽鱼、2 条银龙鱼，还有很多其他种类的动物。在筹划了一年之后，给这些鱼搬家的计划终于能够执行了。这些鱼从亚马孙河流域来到水族馆以后，一直在非展览区繁衍生息。现在，它们要搬到亚马孙河展区了。它们原来住的这个大水箱里的水基本已经抽干了，现在水位只到成年人的小腿。克里斯塔和另外一个名叫科林·马歇尔的志愿者正穿着潜水服，站在水里用网兜抓鱼。他们把鱼赶到一起，捞进网兜里，再一条一条交给斯科特。斯科特也穿着潜水衣，拿着一个网兜。他每次把鱼放进新水箱的时候，都会大声喊出鱼的名字、有几条鱼，安娜负责把这些信息记下来。威尔逊、布兰登还有我在一旁看着，尽量不打扰他们。

一小时后，他们终于搬完了。我们立刻跑到楼下的公共展区，看这些鱼的新家。我从没见过斯科特如此紧张的样子。他昨晚熬了通宵，一直在担心这些鱼。"它们可能会相互残杀，可能会因为焦虑而死掉。"他说。不过等我们走到水箱前面，他很快安静了下来。"他在读鱼的语言。"威尔逊悄声对我说。神仙鱼身上的条纹比平常淡了一些，这表明它们现在有些焦虑。还好一个小时之后，它们就恢复了往常的颜色，还在新家吃了东西。斯科特终于长舒了一口气。

又是一个周三，我到水族馆的时候发现，比尔刚刚把西北太平洋展区的所有石头都重新布置了一遍，还把这个展区的紫海胆、橡子藤壶、蛾螺、黄海葵、缨鳃虫和管海葵都挪到了奥克塔维亚隔壁的水箱。他觉得新的布局看起来很好，他很满意，不过他不想过分打扰住在这里的动物。"它们来水族馆的时间比我都要长。"比尔说。紫海胆大约能活三十年，缨鳃虫能活一百年，而那些海葵，在没有天敌、无病无灾的情况下，甚至能一直活下去。

但这些长寿的动物都对生存环境很挑剔，特别是脆弱的海葵。环境合适的时候，它们就像盛开的花，用花瓣一样的触手获取水里的营养物质。可一旦受到干扰，它们就会缩成一团不起眼的小球。海葵没有大脑，只有最基本的神经系统，但它们可以通过一些行为来表达感情。神经科学家安东尼奥·达马西奥在一本关于意识和情感的著作《感受发生的一切》中，简短地提到过海葵。虽然他没有说海葵拥有意识，但他提到，从海葵简单、无意的动作中，我们能看到"它们表露出快乐与悲伤的情绪、接近与逃避的意图、脆弱与安心的状态"。

"这些海葵可能不喜欢我给它们换的新地方。"比尔担忧地说。

四只管海葵中，有一只昨天还没有舒展开触手，今天已经恢复了往常的美丽。但有一只草莓海葵还是不太开心，没有展开触手。"每只动物被打扰之后，都需要一段时间来慢慢恢复。"比尔解释道。

现在，水族馆的动物们即将迎来有史以来最不得安宁的一段时间，因为水族馆的核心展区巨型海洋水箱需要彻底翻新。100 个物种里的 450 只动物，几乎是大半个水族馆，不得不临时搬到别的地方去。本来水族馆的空间已经很拥挤了，现在更是雪上加霜。接下来的九个月里，一切常规都将不复存在。在这个节骨眼上，给迦梨找一个又大又新、结实严密的水箱简直是难于登天。

★★★

八月，工程快要开始了。上周三，水族馆项目和展区副总监比利·史皮策召集员工和志愿者开了一个午餐会。他说："这是水族馆建馆以来的最大工程。"比利为了方便，在吃午餐时都没有脱掉安全帽和橙色的安全背心。他强调："这次工程甚至比建馆本身更加重大，因为这次施工的同时，水族馆还要对外开放。"

许多动物都要搬家，包括桃金娘和其他海龟、鲨鱼、鳐鱼、海鳝，还有上百只大大小小住在珊瑚礁里的鱼。这些热带鱼会被暂时安排在企鹅展区。这个展区本来为企鹅准备的 416 升冷水，现在需要从 16 摄氏度加热到 25 摄氏度，才能让热带鱼生存。上周，工作人员已经把八十只斑嘴环企鹅和跳岩企鹅送到了水族馆在昆西市设立的动物救助中心，把地方腾了出来。小蓝企鹅会安置在一楼的海洋哺乳动物中心的一个角落。天花板上的灯也需要更换，所以挂着的鲸鱼骨架也得拿下来。巨型海洋水箱的六十七块弧形玻璃板经历了四十多年的海水腐蚀和重压，现在终于要退休了，取而代之的是比玻璃更加透亮的亚克力板。在之后的九个月到一年的时间里，原来水箱里的两千只人造珊瑚，有三分之二会进行更换，取而代之的是两千只材质更软、颜色更鲜艳、更容易清洁的新款人造珊瑚。等这项花费 1600 万美元的工程完成时，巨型海洋水箱将重获新生。新的巨型海洋水箱布局会更加合理，视野也会更加开阔清晰。新的人造珊瑚礁会给鱼儿们提供更多躲藏的空间，所以水箱能容纳的鱼也会比之前多一倍。

"这次工程是一次绝佳的机会。"副总监对大家说，"但我们也知道，这会带来很大的压力。"有一些员工已经开始怀念从前了，说有一种"怅然若失"的感觉。接下来的九个月，员工和游客在走进水族馆的时候，再也看不到企鹅和他们打招呼了，水族馆也会暂时失去核心展区。有些员工最喜欢的动物会被送到别的地方去。戴着安全帽的建筑工人会带着许多工具和设备进场，员工和动物都要挤在一起，给他们腾地方。曾经美丽的地方会变得一片狼藉，曾经静谧安详的地方会吵吵嚷嚷。一切都会变得不同。

比利告诉我，水族馆的改造工程下周二就要开始了。

那时我还没有意识到，我的世界也即将发生翻天覆地的变化。

第五章

—

变化

—

在海里呼吸的艺术

我快要溺死了。

不过其实没那么严重。我在水下4米深的地方，呼吸管里进水了，并且水还在源源不断地涌进来。根据生活经验，一般我对这种事的处理方法就是把头伸出水面，然后大口喘气。过去的五十多年里，我一向是这么做的，但我的潜水教练吓坏了。

"不行不行！千万不能这么快上浮！"我刚浮出水面，呼吸上救命的空气，这位带着法国口音的年轻男人就赶紧告诫我不能这么做。

"不好意思，"我咯咯笑着，"刚才我的出气阀进水了。为什么会这样呢？"

那天晚些时候，我从另外一个教练那里了解到我的设备为什么会进水。我的问题和沉船是一个原理：有地方漏水了。我本来应该用下嘴唇紧紧地咬住咬嘴的，但是很显然我没有，因为在水下的很大一部分时间里，我都在微笑。虽然我现在只是在麻省理工学院的游泳池里面训练，但已经在飘飘然地畅想不远的将来了。我会自由穿梭于水中，与珊瑚作伴，与鱼儿同游，与鲨鱼、鳐鱼、海鳝为友——最重要的是，与章鱼亲密接触。一想到这个，我就情不自禁地咧嘴，笑得像个傻子。

但差点溺水这种事让我的笑容立刻消失了。法国教练叮嘱我："慢慢来！"但对我来说，学水肺潜水这件事本身已经不算慢慢来了，因为它的操作和我以前的经历实在是大相径庭。

我听从斯科特的建议，在波士顿附近的俱乐部接受高强度的水肺潜水训练，但没有朋友陪我一起上课。就在开课之前，克里斯塔有事退出了课程。虽然很想和朋友一起接受训练，但一个人上课其实也没什么。我的水性还挺好的，虽然不能游很久，游泳姿势也没有多优雅，但我的优点是胆子很大。从泰国湾到浑浊的亚马孙河，在各种水域我都游过泳。我相信只要遵守一个铁律就不会有事，那就是：不要在水下呼吸。

但现在我需要做的，恰恰就是在水下呼吸。

水肺潜水和在陆地上的感觉完全不同，和游泳也有很大差别。光是设备本身，就已经笨重得让人望而生畏，而穿戴设备的步骤也很复杂：将约 18 千克重的气瓶、背心一样的浮力补偿装置、配重铅块，还有各种软管、仪表、咬嘴挂在身上，就像打瞌睡的鳗鱼。任何一个设备、任何一个步骤出了错，就会碰上大麻烦。对于我这种上过两所高中都没把储物柜的密码记明白的人来说，组装这些设备简直比登天还难。

我穿着租来的这身设备，感到非常不适应。巨大的蛙鞋像小丑的鞋子，面镜屏蔽了周围的视野。咬着咬嘴，我的呼吸声就像达斯·维达 ①。在水里上浮或者下潜，需要依靠浮力装置的气囊，这对我来说也是前所未有的体验。因为这身装备是租来的，所以面镜里有别人的口水（潜水员会向面镜里吐口水，然后用口水擦掉里面起的雾）；有其他人曾穿着这身潜水服尿尿（教练告诉我们，每个潜水的人都会有在水里尿尿的经历——当然是在海里，不是在游泳池里）；可能还有人在我的出气阀里呕吐过。穿着这身装备，我甚至都不能用正常的姿势游泳，只能像袋鼠一样弯曲手臂，用穿着蛙鞋

---
① 电影《星球大战》里的经典角色，戴着黑色的金属呼吸面罩。

的双脚往后蹬水，才能勉强前进。

　　一切看起来都很怪异：水下的物体看起来更近，也比平常大了四分之一。声音也很怪异：声音在水中的传播速度大约是在空气中的五倍，而且在水下，人也无法清楚辨别声音的方向。人体感觉也很怪异：潜水的时候不能游泳，不能通过运动让身体暖和起来，所以人的体温在水中下降的速度是在空气中的二十六倍。即便泳池里的水温有 26.7 摄氏度，我们还穿着潜水服，一节课下来，大家也还是冻得嘴唇发紫。

　　但我还是觉得自己突破了极限，学得很开心。直到出气阀开始进水，我才有些慌张。

　　我当时想，这周末多上两节课，一切就会好起来。但事实证明，我想错了。

★★★

　　上完第一天的潜水课程，每个人都累坏了。就连我们的主教练，20 多岁、身强体健的珍妮·伍德伯里都承认，一天下来她已经筋疲力尽。她还说自己耳朵疼，其实我也一样。上课前一晚，我因为疼得睡不着觉，还吃了安眠药（后来我才知道这样很危险，可能会伤到心肺）。不过听到年轻的教练也说她耳朵疼（当然，因为耳朵疼，所以听得没有以往那么清楚），我心里好受多了，看来耳朵疼是个正常现象。但我又想错了。

　　耳朵的疼痛并没有随着时间的推移而减弱，但让我高兴的是，我可以自己组装设备了，再也不用思考再三，回忆怎么清理出气阀或者怎么调节浮力装置了。我感觉自己已经完全掌握了这些技能，准备好学习新的内容了，比如怎么从潜伴的应急气瓶中吸氧（有趣的是，这种备用气瓶被称为"章鱼"）。但与此同时，我感觉耳朵疼得像是要爆炸了。

珍妮还真的见到过一个学生的鼓膜在潜水过程中爆炸了。"在水下，他的耳朵直往外冒泡。"她说，"那个场面有点恶心。"这肯定也非常疼。斯科特就是因为耳朵受伤了，才不再潜水的。他之前需要定期去马萨诸塞州附近的海域出差，在水下大约30米的地方收集一种"活着的石头"——被海藻和海绵寄生的珊瑚尸体。他会把这些"石头"带回水族馆，作为水箱的生物填料。潜水结束的上浮过程中，由于压力变化，会发生"逆向挤压"，斯科特的耳蜗因此严重受损，医生让他不要再继续潜水了。

我在水下给教练打手势，表示我的耳朵出了问题。她给我演示了瓦尔萨尔瓦动作——一种用力屏住呼吸来增加胸腔内压力的动作，可以用于平衡耳压。我认真照做了，然后感觉从我的头里面传来了一声巨响。"好些了吗？"她又向我打手势。但我感觉耳朵更疼了。我向她比画着"有些不对劲"，然后指了指我的耳朵，又一次用力屏气。

我往上浮了一米多，又做了一次瓦尔萨尔瓦动作，然后还试了弗兰泽尔动作——像吞噬巨大猎物的蟒蛇一样，左右移动自己的下颌，尝试打开耳咽管。但是，第二种动作也没有奏效。

"好点了吗？"珍妮又向我打手势。

没有，我用手向她示意，然后又做了一次瓦尔萨尔瓦动作。我往下沉了一点。或许耳朵疼是因为上浮过程中遇到了"逆向挤压"，往下沉一点就能解决。但是，情况并没有好转，我的耳朵反而更疼了。我再次缓慢上浮，全程捏着鼻子，用力屏气。

"怎么样，好点了吗？"

完全没有变化。无论我做什么，耳朵里面的压力都消不掉，反而一直压迫着我的耳朵，给我带来巨大的痛苦。

我从水里出来，闭着眼睛坐下来，蜷起身子。让我难过的不仅是耳朵的疼痛，还有失败的预感。我太渴望进入奥克塔维亚和迦梨的世界了，但我被笨重的骨骼和离不开空气的肺所束缚。要是学不会在水下呼吸，我根本没有办法了解它们身为章鱼的感受。我太渴望在真正的海洋里和章鱼接触了。在淋浴时，我的脑海里回荡着渔人祈祷词的前几句："您的海洋如此广袤，而我的渔船如此渺小……"我热切地盼望着，从渺小的渔船上纵身而下，沉入广袤的海洋。即使一次只能有一个小时，我也想暂时变成一只能呼吸、会游泳的海洋生物。要是我不会水肺潜水的话，这一切要怎么实现呢？

但我又觉得头晕目眩，恶心想吐。斯科特耳蜗受损的时候，不仅耳朵疼，还伴随着眩晕，浮上水面之后就吐了。

尽管如此，我还是决定再试一次。我的教练让我试一试飞行员常用的阿夫林鼻喷雾，于是我摇摇晃晃地走到药店买了鼻喷雾，还买了一份健康清淡的盒饭当午餐。但是，这份午餐最后还是被我吐了出来。

珍妮温柔地建议我今天先回去。我也不想失去听力。我有三个聪明坚强的听障人士朋友，但他们依然在这个大多数人都有正常听力的世界里，度过了一段艰难的时光。想到这里，我接受了珍妮的建议。今天的课还没上到一半，我就要提前回家了。

我带着挫败感慢慢走进车里，却发现头晕得连车都开不了。

我只能躺在后座的毯子上。这是萨利的毯子。我们经常开车带它到树林里散步，回来的时候它会带着满爪子满肚子的泥，趴在这条毯子上。闻着它熟悉的味道，我立刻平静了许多。过了不到半个小时，虽然耳朵还是疼得要命，但我感觉头没那么晕了，至少可以支撑我开两个小时的车回家了。

★★★

周三，我又来到水族馆，之前熟悉的一切都变了样。巨型海洋水箱的顶层现在不对公众开放了。绕着水箱的阶梯旁边都挂着白布，遮挡正在改造的水箱玻璃。台阶上随处摆放着一些300升大小的塑料桶，这是水箱里的鱼的临时居所。最上面一层放着一些大木箱，用来搬运大块的珊瑚。

奥克塔维亚现在待在一个和往常不同的位置。在巢穴的更深处，至少有十五串卵露了出来，有些长达23厘米。它的腕足吸在石头上，身体垂下，就像一个吊床，待在那儿一动不动。

水族馆门可罗雀，游客寥寥，一切看起来都很冷清，仿佛是个废弃的场地。斯科特去亚利桑那州图森市参加会议了，比尔在佛罗里达度假，安娜回学校了。企鹅们也走了，它们原本的家现在是桃金娘和其他海龟的临时居所。

桃金娘是前一天刚刚搬到这里来的。一名潜水员用生菜叶子把它引到了大小正好的塑料箱里。箱子四周有孔可以让水涌进来，箱子把手上还挂着气囊，方便箱子上浮。趁着桃金娘大嚼生菜叶子的时候，另一名潜水员直接抓住它的龟壳，把这只重达249千克的巨大海龟转了个个儿，轻轻推进了塑料箱。然后，四名潜水员把它的箱子吊出水面，用小推车推进了电梯，送到企鹅区，再在水中抬起箱子的一角。桃金娘感受到水流，立刻挥动鳍状肢游了出来，镇定自若地住进了新家。

桃金娘的转变过程比我的更加顺利。我本来以为周末上过潜水课之后，自己能够脱胎换骨，以胜利者的姿态得意洋洋地回到水族馆。但现在克里斯塔和威尔逊问我潜水课上得怎么样，我只能老老实实地告诉他们我压根儿没上完。

威尔逊自己之前也尝试过一次水肺潜水，所以很能理解我。"潜水可不简单。"他说。他的儿子和女儿都是经验丰富的潜水员，经历过无数次潜水，还面临过一些惊险时刻。比如有一次，一位同行的潜水员因为减压病而去世了。

我们去看迦梨，路上我和他们讲了这次失败潜水课程的细节。盖子拧开之前，迦梨就在水面上了，红棕色的身体胀成一团，金色的眼瞳盯着我们。和上周的安静不同，它现在充满了活力，伸出腕足欢迎我们，用吸盘吸我们的手。"冷静点，亲爱的。"威尔逊说。他赶紧拿了一条鱿鱼、两条毛鳞鱼喂给它。迦梨迅速用吸盘把食物送进嘴里，没几下就全吃完了。然后，它转移注意力，开始和我们玩儿。它用腕足抓着我们，轻轻地往水里拉，用每个吸盘亲吻我们的手。我感到了一丝安慰。

总是兴高采烈的克里斯塔对我的失败抱有十分乐观的态度。她安慰我："你肯定能做到的！"事实上，我也计划好了下一步。我开车来水族馆的半路上会经过新罕布什尔州的梅里马克县，那里有一家名叫"水中专家"的潜水用品商店。我报了私教课，下周就开始上课，这样应该就能在新英格兰的海水变得太冷或者风浪变得太大之前，拿到开放水域潜水员证书。我的教练还是水族馆的志愿者，我觉得这是个好兆头。

其实，周二排班的水族馆员工都认识我的教练，多丽丝·莫里塞特。这位 59 岁、红头发、幽默带刺的女性身高不到 1.6 米，但拥有巨大的人格魅力。作为教练，她特别有耐心，教东西也很快。即使你犯了错，她也会用爽朗的语气告诉你：你犯的错误，她以前都犯过。

小时候，她特别喜欢电视剧《海底追捕》和雅克-伊夫·库斯托 ① 的节目。虽然她热爱大海，也很会游泳，但直到 50 岁，她才有了尝试水肺潜水的想法，因为她从小在电视上看到的潜水员都是男性。

在加勒比海度假的时候，多丽丝参加了一个水肺潜水体验活动。她们一群人在教学情境下接受了大约三十分钟的培训，然后就乘着船出海，穿上潜水装备，一个个跳进了海里。"只有我没下去。"她

———————
① 法国海军军官、探险家、生态学家、电影制片人、摄影家、作家、海洋及海洋生物研究者。水肺的发明者之一。

说，"我当时吓坏了，那次根本没有沾水，更别说潜水了。"但她没有放弃。后来，她去上了正式的课程，跟了两个私教，还请了营养师帮忙增强体质，然后在第二年拿到了潜水证书。

到了 2010 年，她自己也成了潜水教练。从此之后，她教出了很多学生，他们也都很感谢她。每周，她都会带队在新英格兰附近的海域潜水，她自己也会在世界各地潜水。我认识她的时候，她已经完成了 375 次开放水域潜水。自 2009 年她开始在新英格兰水族馆做志愿者以来，她已经在巨型海洋水箱里完成了 180 次潜水。

她带我在"水中专家"潜水商店的场地上过两次课，那里的水池比较小也比较浅，所以体验不错，有趣又简单。但随着秋天的到来，我变得有些急躁，因为我必须完成四次开放水域潜水才能达成课程目标。多丽丝之前安排的开放水域是大西洋，结果因为风浪太大不得不取消。不过，她还是给我提供了另外的解决方案：我可以在新罕布什尔州的都柏林湖完成开放水域潜水，拿到证书。这个湖离我家只有几分钟的车程。

但不幸的是，那时候已经十月份了。都柏林湖的水来自山泉，水温只有 12.2 摄氏度。

斯巴达人认为，冷水对头发以及一些身体器官都有好处。确实，冷水会导致一些生理变化，比如所谓的冷休克反应，即"皮肤浸泡在冷水中，温度骤然下降引发的一系列反射"。网上的一篇文章写道，在这一过程中，"血压和心率会升高，心脏的工作负荷也会增加。异常的心率可能会危及生命，心脏病发作的概率也会增加。同时，人开始喘粗气，随后是急促的深呼吸。这些动作很快就会让人误吸入水，甚至溺水。这种看似无法控制的过度急促呼吸会带来窒息感，导致情绪恐慌，还会让人头晕、混乱、迷失方向，意识变得模糊。"

我很庆幸当时我并不知道这些。

为了防止在新英格兰寒冷的湖水中冻僵，水肺潜水员需要穿几层氯丁橡胶材质的潜水衣。我租了一套7毫米厚的工装裤式潜水衣，外面又叠了一套7毫米厚的长袖短裤式潜水衣。要把工装裤潜水衣的裤腿拉上去既困难又别扭，要不断用力拉扯，拉的过程中我还不禁发出"哼哼"声。但是，多丽丝向我保证这些努力是值得的，因为越难穿上就意味着衣服越合身，而衣服越合身，我就越暖和。不过，由于店里没有太多的潜水服可以选择，而且女顾客比男顾客少，所以我穿的是男式小码潜水服。特别值得注意的是，我的裤裆很宽敞，所以我走起路来就像连裤袜的裆掉到了膝盖。

我还需要买靴子、手套和头罩。戴上这种头罩就像在头上套了一个塑胶的手术手套。它把我的耳朵弯成了两半，贴在脸上就像一块包着馅儿的面饼。我感觉自己会窒息而死。潜水服的脖子部位太紧了，我感觉头都要蹦出来了。我本来希望头罩能抚平拉伸我脸上的皮肤，让我的脸看起来像打了瘦脸针一样，但它却把我的脸颊压向鼻子的方向，就好像我的头被夹在了正在关闭的电梯门之间。

氯丁橡胶材料的另一个特点是会增加浮力，因此潜水员需要更多的配重。除了13.6千克重的气瓶和我在泳池潜水时要佩戴的装备外，现在我还必须在腰间的皮带上挂更多铅块。这样一来，我身上额外负重将近32千克，相当于我体重的57%。

负重、冷水、额外的装备、浑浊的湖水里有限的能见度，一切都让在新英格兰的这次开放水域潜水成了一项对技术要求颇高的艰巨任务。多丽丝和我之前的教练珍妮都对我说："你要是能在新英格兰潜水，那基本上其他地方的水域都难不倒你了。"

　　多丽丝和我一起把装备搬上车。一个小时过后，我们从梅里马克开到了都柏林湖。我又一次穿上了这两件男式潜水服。我旁边正是繁忙的 101 号国道，朋友和邻居经常会从这里经过。我只能一边挣扎着把身体塞进氯丁橡胶潜水服，一边祈祷不要有熟人开车经过，认出此刻窘迫的我。

　　终于穿上了衣服。这时我觉得，这身装备穿着真是太别扭太不舒服了，估计我一会儿都感觉不到水有多冷。我步履蹒跚地走进湖水，脚下踩着的从石头变成淤泥。此刻，我的身体还是干燥温暖的。下一秒，水就开始渗了进来。我想起珍妮跟我说过，世界上有两种潜水员：会在潜水服里尿尿的，以及不承认这么干过的（但 98.6%的潜水员都会觉得释放的那一刻非常爽）。我开始后悔来之前没有多喝点水了。

　　第一次在都柏林湖潜水的那天有雾又下雨，但多丽丝却很高兴。她说："从水底往上看，雨滴落在湖里很美。"但我潜下去之后却晕头转向、横冲直撞，只能在沉到湖底和一飞冲天两种状态之间来回切换，两腿在冷水中直抽筋。湖水很浑浊，教练要是离我三米远，我就完全看不见她了。

　　然而，我奇迹般地完成了所有规定的潜水动作，多丽丝也很满意。下潜二十分钟后，我们浮出水面。多丽丝告诉我，下一次的潜水"玩儿就行了"。我们可以找找新罕布什尔州渔业部和野生动物管理局养在湖里的大鲈鱼,那里也有陆封型鲑鱼。在阴沉的天气下,湖水浑浊,我们什么也看不见。但是,有一点多丽丝说得没错:从水下看雨滴落在湖里确实很美。

★★★

两天后的最后一次潜水,我是整个人摔进湖里的。这次我根本不想找鱼了,只想让这一切快点结束。

就在这时,一条15厘米长的鲈鱼正好游到了我的面罩前。

这次的情况和以前我遇到野生动物的情况都不同。一般来说,我们都是在远处目击到野生动物。如果足够幸运的话,它们会走近一点,或者允许人靠近自己。野生动物在正常情况下不会突然出现在你面前,还这样盯着你看。这条鱼可能也很震惊。有人说鱼的面部不像人那么灵活,所以做不了表情,但很显然他们说错了。这条鱼就明显露出了诧异的神情,好像在问:"你在这儿干什么?"

我们互相盯了几秒。然后,其中一方眨了一下眼。鉴于双方只有我有眼皮,那眨眼的应该就是我。那条鱼溜走了,就像打了个寒颤一样,一瞬间消失得无影无踪。

但那条鱼应该为我感到高兴,因为那天我拿到了潜水证书。上岸的是我,不是它。

★★★

　　我再次回到水族馆。这次，巨型海洋水箱里所有可以搬家的鱼都不在了。10月2日上午十点，水族馆的工程师开始给水箱排水，水面每分钟下降 2.5 厘米。最后，水位降到了最低，潜水员就通过梯子下到底层，用捞网去捕那些游得很快的大西洋大海鲢、镰鳍鲳鲹和马鲹。我在都柏林湖潜水的那段时间，比尔带着人周末加班，从下午三点干到晚上九点，就为了搬那些长达 1.2 米、重达 18 千克的大海鲢。"它们又大又重，不太好搞，"他说，"所以把它们留到最后搬了。"

　　每一次搬运都跌宕起伏、危险重重。今年九月，四名潜水员、三名兽医、十三名负责用水桶打水的员工、一位馆长和几名志愿者组成临时小队，齐心协力从巨型海洋水箱搬走了一公一母两条 0.9 米长的黑吻真鲨。

　　搬运之前的几周，潜水员就开始让这两条鲨鱼适应捞网的存在。他们把网放在水里，鱼儿们就会渐渐地不再害怕这些网。一天前，工作人员已经顺利把窄头双髻鲨转移走了。但馆长丹·劳夫林说，黑吻真鲨更加敏感，突然搬家可能会把它们吓到。受到惊吓的黑吻真鲨基本不可能抓得到，所以丹不仅准备了计划 A，还给团队里的每个人都说明了备用的计划 B、C 和 D（计划 B 和 C 是用网或者隔板截断黑吻真鲨平时游动的路线，包围它们；计划 D 则是等到水箱里基本没有水了再抓它们）。吓到鲨鱼还不算，伤到它们就更麻烦了，因为在抓捕的时候，鲨鱼很容易撞上人造珊瑚尖锐的边缘。

丹提醒两个拿着巨大捞网的潜水员："除非有十足的把握，否则先不要动手去捞。"

计划很简单。两个拿着捞网的潜水员，一个是我认识的桃金娘的朋友雪莉·弗洛伊德，另一个是昆西市动物救助中心的水族馆员工莫妮卡·施穆克。他们面对面站在两个珊瑚上，珊瑚中间有一条沟。第三个潜水员停在沟里，用长杆夹着鲱鱼，引诱鲨鱼。一旦食物吸引了鲨鱼的注意，拿食物的潜水员就把杆子伸到网里面，然后等着鲨鱼自己往那里钻。

一开始这两条鲨鱼看上去对鲱鱼并不感兴趣。它们游过杆子一次、两次、三次……但它们应该是想吃东西的，因为捕鲨小队已经饿了它们一段时间。终于在第四次游过杆子的时候，那条雌性黑吻真鲨游进了雪莉的网。雪莉麻利地把它捞起来，交给了岸上的另一名工作人员。他把鲨鱼运到电梯，那里提前准备好了装满水的水箱。几名工作人员负责用水桶和一个水泵给水箱灌满水。

大家都以为第二条鲨鱼会比第一条难抓，但实际上这条雄性鲨鱼只绕了两圈，就钻进了莫妮卡的捞网里。它的体形和力气都比雌性鲨鱼大，在网子里挣扎的时候让每个人的心都悬到了嗓子眼儿。还好有人拿了另外一张网把它盖住，才没让它跑掉。大家动作都很快，潜水员们还没来得及去冲个澡，两条鲨鱼就被送上了前往昆西市动物救助中心的卡车。

不过，转移大西洋大海鲢就没那么容易了。工作人员需要先把麻醉药溶进水里，让它们的行动慢下来。有一条大西洋大海鲢在中了麻醉药之后没能醒过来，就这样死掉了。

这让比尔很难过。之前来水族馆时，我见过他小心地捧着一条红鲷，让兽医用管子喂这条鱼。这是他很久以前就开始照顾的鱼。"它一直不肯吃东西。"比尔忧心忡忡地告诉我。这条红鲷的问题其实很常见：它的眼睛里有个气泡，气泡带来的疼痛影响了胃口。为了消除气泡，比尔给他用了类固醇滴眼液。气泡消掉之后，他还要给它复健。那段时间，比尔的精神明显非常紧绷。直到这条鱼完全摆脱了疾病和药物的影响，能回到非展览区的水箱里，他才放松下来。在这个水箱里，还住着另外一条红鲷以及一条岩鳚——这些都是附近的缅因州海域常见的物种。

对于生病的动物，不同的机构有不同的做法。20 世纪 80 年代，我的一个朋友在一家小型动物园工作。他们有一只袋鼠生病了，于是她打电话向澳大利亚的一家动物园求助。"你们那边的袋鼠生病了一般是怎么治的？"她问。"用枪打死，然后抓一只新的。"那边这么回答。

但是在新英格兰水族馆，无论是多么常见、多么普通的动物，都会受到专业、贴心的照顾。每个人都爱这些动物，没有人愿意看到它们受苦、死去。当时，比尔养的一只海鲫刚做完会阴切开术，正在恢复。海鲫是真胎生鱼类，直接产出幼鱼，而不是鱼卵。这条海鲫在生产时泄殖腔撕裂，肠子都露出来了。水族馆的兽医查理·英尼斯有着孩子般的开朗性格。他给这条海鲫做了手术，对它的关心程度不亚于照顾水族馆每年都要救助、治疗、放归的几十只极度濒危的野生海龟。

这条仅有 10 厘米长的海鲫花了一个月才从手术中恢复过来。今

章鱼的灵魂 ｜ 走进章鱼的奇妙意识世界

天，比尔小心翼翼地把它从养病的水箱里舀出来，放进一个蓝色的桶里。穿着手术服、戴着手套的两位兽医会在桶里给它拆线。一位医生把它放在黄色海绵上，另一位给它剪掉手术缝合线。拆完线之后，它就能回到非展览区的水族箱里，和一些海笔住在一起。海笔是珊瑚的"亲戚"，主干的两侧长满了羽毛状的羽枝，看起来就像老式的羽毛笔。比尔带我去看海鲫的水箱，同时他正准备将迦梨转移到它旁边的水箱里。那里之前住过圆鳍鱼，后来住过大洋鳕鱼，现在放满了刚从西北太平洋展区搬过来的白色海葵。

但什么时候给迦梨搬家呢？它已经不再是一只章鱼宝宝了。我们去看它的时候，它活泼好动、充满热情，用吸盘在我们的手上和胳膊上留下红色的印记。但是，它现在住的这个水桶狭窄单调，没什么好玩的、好看的，也没有地方给它藏身。我们都很担心它在这里住久了会抑郁。现在，因为巨型海洋水箱的改造工程，水族馆的空间已经十分紧张。马上又要到水族馆每年一度的缅因湾考察活动了，到时候比尔会带回新的动物，水族馆的空间就更加不够用了。

每当看到迦梨待在狭小的桶里，我去开放海域看章鱼的愿望就会愈发强烈，但我也不知道我会在什么时候、以什么样的方式实现这个愿望。就在这两周，我要启程去尼日尔的沙漠里，记录对旋角羚的考察活动。我现在一心向往海洋，却要去往一片沙漠中，没比这更南辕北辙的事了。

然而，那天从水族馆回家之后，我却得知了令人惊讶的消息。马里的基地组织恐怖分子扩散到了邻国尼日尔，正在大肆绑架入境的外国人，考察活动也因此取消了。我的下一个行程不是去撒哈拉沙漠看野生动物了，而是去加勒比海潜水看章鱼。

★★★

　　梅里马克的潜水商店每年秋天都会组织学员到科苏梅尔岛潜水，这是世界上最著名的潜水胜地之一。科苏梅尔岛距离墨西哥尤卡坦半岛约 19.3 千米，小岛附近有科苏梅尔国家珊瑚礁公园。这里有 117 平方千米的堡礁群，位居世界第二，其中大部分是原始珊瑚礁，位于整片海洋中最清澈的水域。该公园拥有约 26 种珊瑚和 500 多种鱼类，在这里还有机会看到章鱼。

　　"一般来说，潜水的时候不太容易遇见章鱼。"潜水店老板芭芭拉·西尔韦斯特说。其他潜水员也同意她的说法。她二十五年来在世界各地潜水，只见过一次章鱼，这只章鱼还在她靠近的时候喷了她一脸墨汁。"但是在科苏梅尔，"芭芭拉话锋一转，"我们去夜潜的话，就会看到很多章鱼！"章鱼并不是潜水时经常能看到的动物，所以这里的"很多"实际上可能只有两三只，但这也足够让我期待不已了。

★★★

　　十一月的第一个星期六，我和同行的伙伴在新罕布什尔州的曼彻斯特—波士顿地区机场会合。今年去科苏梅尔岛的一共有八个人，我觉得这是个很吉利的数字。除了我、多丽丝、芭芭拉和她丈夫罗伯以外，还有另外三个潜水员，以及其中一个潜水员不会潜水的配偶。我们这群人一路上都非常兴奋愉快。

在墨西哥出入境管理局耽搁了一会儿之后，我们终于到了科苏梅尔岛的潜水俱乐部。等到要为我第一次真正的海洋潜水做准备时，我已经累傻了。而且，天差不多也黑了。

在逐渐消失的天光里，这一堆潜水设备看起来格外复杂、陌生。我在把浮力装置系到气瓶上面的时候系歪了，多丽丝帮我调整了一下位置（虽然她自己也很累，一度把潜水服穿反了）。我在安装软管的时候把它拧反了，报废了一个气密圈。（"挑战者"号航天飞机不就是因为密封圈受损才爆炸的吗？）然后，我的气瓶又漏气了，于是我只能把它拖回潜水设备商店，换了一个新的，重新装上软管。

我戴着面罩，穿着亮黄绿色的蛙鞋，还有新买的黑粉相间的潜水服，蹒跚着走到码头，跨过防护堤，沉进了加勒比海。

接着我就发现我的鼻子进水了。

我把头伸出水面，不停地咳嗽。水是咸的，味道就像鼻血一样。我摘下气瓶的咬嘴，大口呼吸着"真正的空气"。多丽丝在一旁向下伸出大拇指，示意我下潜，但是我根本沉不下去！

队伍里其他的潜水员赶紧来帮我。有人从潜水商店拿来了额外的配重铅块，罗伯把它塞进我浮力装置的口袋里。海水的浮力比淡水要大，这也是我需要这次技能评估性下潜的原因：在进行船潜之前先岸潜，在还能随时上岸的地方把配重调整对了。但我还是浮在上面没法下潜。罗伯又给我加了 0.9 千克的重量，然后又加了 1.8 千克。

现在天完全黑了，我什么也看不见。水还在源源不断地涌进我的鼻腔。我被自己犯的错误吓坏了，如同惊弓之鸟，完全不记得要如何应对这种情况。

"这是你的第一次夜潜呀！"多丽丝鼓励我。这时，有人拿来一盏灯。

我身上已经有了5.4千克的额外配重。我跟着多丽丝潜进海里，游过了水下岩石形成的一道拱门。在海里遨游的那一刻，我还是很兴奋的，不过摸到岸边的折叠梯子让我更加开心。但很快我就发现自己爬不上去，因为蛙鞋脱不下来。

多丽丝帮我脱掉了蛙鞋。我上岸之后就开始检查潜水电脑表，想看看我在真正的海里待了多久。有一个小时吗？还是四十五分钟？我看向表盘，它显示我只在三米深的地方待了两分钟——这都不能算是一次潜水。剩下的时间里，我都在海面喘着粗气干呕。

我的苍天哪，我明天要怎么办？

★★★

第二天早上，我在镜子前面磨蹭了半个小时，像个精心打扮的女高中生一样，仔细调整我的各种装备。我来回摆弄面罩，把带子系紧，不断调整马尾辫的位置，希望面罩贴合一点，这样鼻子就不会再进水了。我们上午八点半出发，乘"珊瑚之星"号出海。这是一艘16.8米长的游艇，十五年前在美国定制，时速可达37千米。我们今天的第一次潜水是放流潜水，也就是随着水流漂浮。我们下水之后就会远离这条船，在它回来接我们之前都不会再看到它。我们周围也没有任何码头。

我们的潜水长弗朗西斯科·马鲁佛是一个胸肌发达、富有领袖魅力的人。在到达目的地之前，他告诉我们："我们马上要在一个叫埃尔帕索德尔塞德拉尔的地方潜水。"这是一片长长的、像脊柱一样的珊瑚礁，珊瑚露出海面的部分形成山脊，将浅滩和深滩分开。"一股缓慢的水流沿着这片珊瑚流淌。我们可能会在这里看到海鳝，还可能会有大群的黄仿石鲈——这是一种黄蓝相间的小鱼，会发出磨牙的声音。我们也许还能看到红鲷，还有……"弗朗西斯科看向我，"我们可能会看到章鱼。"今天早些时候，他告诉我们，他特别喜欢遇到章鱼。"要是你吓唬章鱼，它们的眼睛就会蹦出来，像人瞪大双眼一样。"他说。这片海域栖息着四种不同种类的章鱼，但每种章鱼都有许多种形状、大小和颜色，很难将它们区分开来。

船长关上了发动机。我穿上浮力控制装置，系上尼龙搭扣裙褂，调整胸带，给面罩除雾，穿上了蛙鞋。

"好了，我们出发吧！"多丽丝说。我双手把面罩按紧，跟着她迈进了水里。

这次没有水涌进面罩，我的呼吸也很正常。我小心翼翼地往下看，仿佛看见了迷幻音乐海报上的颜色与图案。只不过，这些颜色与图案全都来自鲜活的生物：鱼儿、螃蟹、珊瑚、海绵、虾……成片的珊瑚像巨人撅起的嘴唇，凸出的珊瑚枝条又像是手指的骨骼指向远方。柳珊瑚在水流中微微飘动，比最精致的蕾丝还要美丽。海底的沙子比新罕布什尔州的落雪还要洁白，海水呈现出耀眼的碧绿色。在我们周围，野生动物不受我们打扰，自在地游来游去。我们仿佛是隐形的时空穿越者，来到了另一个星球。虽然我已经在地球上生活了大半个世纪，走遍了除南极洲以外的所有大陆，但这个星球上的大部分地方对我来说，仍然是个遥不可及的秘密。直到现在，我好像触及到了这个星球的秘密。

我身边到处都是鱼。海水清澈，我能看到非常远的地方，下水之前的恐惧早已烟消云散。

我们刚下水，弗朗西斯科就指给我们看一条 1.5 米长的海鳝。它躲在岩石的下面，身体是暗苔绿色，仿佛一条丝滑的天鹅绒缎带。它张开嘴的时候，还会露出尖尖的牙齿。斯科特之前告诉过我，水族馆里曾经养过一条海鳝。它会把嘴张得大大的，让潜水员伸手进去刮它的口腔内壁，它很喜欢这种感觉。现在看到这条海鳝，我的感觉就像是遇到了朋友的朋友。

弗朗西斯科有中美洲的血统，但我认为他也有鱼的血统。他在水里轻松自如地游来游去，带我们看鱼，就像当地人在给我们介绍他的邻居一样。于是我在留意多丽丝教练的同时，还跟着弗朗西斯科往更远更深处游。我瞄了一眼潜水电脑表，发现我们一度游到了水下 15 米，但我的耳朵没有任何异样。弗朗西斯科转过身来向我们招手，指着一个巨大的脑珊瑚旁边的洞。

我往洞里看去：先是一只眼睛，然后是虹吸管。我向弗朗西斯科竖起八根手指，他朝我点了点头作为回应。

这只章鱼有着棕色的斑点，白色的吸盘。它的一条腕足放开原来吸附着的岩石，一边抬眼看我们，一边朝我们这边移动。它的头只有拳头大小。它突然变红了，然后又变白，呈现出蓝绿色的金属光泽。除了眼睛，它身体的其他部分又退回到洞里。它就在那个位置偷偷看我们，然后慢慢把头和外套膜探了出来。它用虹吸管对着我们，身体移到了旁边，呼吸的时候鳃微微翻动，露出里面的白色部分。

光是看它呼吸我就能看到地老天荒，但考虑到其他人也有权看这只章鱼，我还是老老实实移到了一边。我随手创造了一种新的潜水手势来告诉弗朗西斯科我有多激动：两手指尖交叠，手心朝着胸口，来回地打开再合上，模拟心脏狂跳的感觉。不过弗朗西斯科其实也不需要看我的手势，因为我脸上欣喜若狂的表情已经说明了一切。

自从我第一次见到雅典娜，认识奥克塔维亚和迦梨，已经过去了一年半。每次我走近章鱼水箱，在我们的世界见到它们，我都会愈发渴望亲自进入它们的世界。终于，在海洋温暖的怀抱中，我融进了章鱼的水色世界。我在海里呼吸着，吐出的银色气泡像是在唱一首赞歌：我终于来到了你们的面前。

我的身边充满了目不暇接的奇迹。一只华丽的蟾鱼藏在石头底下，它的身体扁扁的，身上有蓝白相间的水平波浪细条纹，鳍是荧光黄色，脸的周围长了一圈胡须。蟾鱼一度被认为只生活在科苏梅尔海域。一条一米多长的铰口鲨睡在凸出来的珊瑚礁下面，如同祈祷的少女一般恬静。一条黄底黑条纹的管口鱼低垂着长长的管状鼻子浮在水里，试图与枝状珊瑚融为一体。多丽丝当场发明了一个手势：手握拳放在嘴边，握住另一只手的拇指，翘起另一只手剩下的手指并摆动，就像在吹奏乐器一样。这时，一群粉黄相间的鱼群从我们的面罩前面游过，然后像天空中的鸟儿一样齐刷刷地旋转起来。

没有比这更梦幻的自然奇观了。我心中的快乐不断升腾，直到变为狂喜。同时，一种奇妙的情绪也蔓延开来。我的脑海中回荡着自己的呼吸声，胸膛中的心跳声变得非常遥远，眼前的一切好像都被拉近、放大了。就像做梦一样，许多不合常理的场景在我眼前徐徐展开，但我毫不怀疑地接受了这一切。在水下，我觉得自己的意识进入了完全不一样的状态，认知的重点、范围和清晰程度全都发生了翻天覆地的变化。这是不是迦梨和奥克塔维亚一直以来的感受呢？

我对海洋的热爱，有点儿像蒂莫西·利里[1]对迷幻药的执着。这位心理学家在 20 世纪 60 年代对迷幻药的作用进行大肆鼓吹，声称迷幻药可以让人用一种前所未有的视角来看待现实。萨满教的巫医会用各种手段，让意识抵达常人无法触及的另一个领域，比如吃蘑菇、舔蟾蜍、吸鼻烟等。当然，人类不是唯一会做这种事的动物。大象、猴子会故意吃下烂掉的水果，摄取里面的酒精来达到微醺的状态。最近人们还发现，海豚会两两相聚，就像人互相递烟一样，用鼻子来回推揉河鲀，刺激它分泌毒液，然后在摄入河鲀毒素后进入一种迷幻状态。

虽然并不是每个人都会执着于摆脱平凡的日常生活，但达到一种超脱的意识领域确实是人类文化中隽永的主题。把意识拓展到自

---

[1] 美国著名心理学家、作家，晚年因研究、推广迷幻药而备受争议。

身存在之外可以缓解人的孤独，连结到荣格提出的"集体无意识"，即人类普遍拥有的、代代相传的意识原始形态。这种做法还能让人触及柏拉图所说的"世界灵魂（animus mundi）"，即万物共有的、无处不在的世界的灵魂。某些文化认为动物具有人类在日常生活中没有的智慧，于是鼓励人们通过冥想等方式，与动物的精神达到共振。现在，我在潜水时进入了一种出神的境地。我在完全清醒的情况下，自愿融入了海洋本身的梦。

谁说梦不是真的？印度神话中有这样一个故事：一个名叫那拉达的苦行僧，由于积年累月的苦行，终于得到了毗湿奴的恩惠，得以与神同行。毗湿奴口渴了，让那拉达给他取水。那拉达来到一处住宅，遇见了一位美貌女子。他忘了自己的来意，与女子结婚、共同生活。他们一起种地放牧，生了三个孩子。后来，他们的村庄来了一场风暴，洪水肆虐，冲走了居民、房屋、牲畜。那拉达一只手牵着妻子，一只手牵着孩子。但是，洪水太过凶猛，他们还是走散了。那拉达被水流冲走，又被冲上岸。当他睁开眼时，却看见了依然在等他取水回来的毗湿奴。在神话中，毗湿奴的形象通常是睡在深不可测的海洋上。他的梦像泡泡一样浮现，创造了整个宇宙。

回到"珊瑚之星"号的甲板上，我摘下面罩，喜极而泣。

★★★

在科苏梅尔岛潜水的每一天，我都沉醉在各种奇观里。将近8厘米长的管海马长着像负鼠一样卷曲的尾巴，可以勾住东西。六种不同的神仙鱼拖着长长的背鳍，就像新娘婚纱的裙摆。有的鱼长着黄色嘴唇，有的鱼长着紫色尾巴。有的鱼像鹦鹉一样五颜六色，有的鱼像光盘一样扁平。有的鱼像穿着护身铠甲，有的鱼长着猎豹一样的斑点和老虎一样的条纹。有的鱼的名字引人遐想：燕尾蓝魔、一级军士长、小丑鲈、仙女紫金鲈、双带海猪鱼……

　　有一天晚上，我们去岸潜。刚一下水，我就和伙伴们走散了，和另外一群潜水的人游到了一起。我心烦意乱又找不到方向，干脆游回码头，想着要不这次就算了。但是多丽丝和罗伯回来找到了我。罗伯对我说："我们给你找只章鱼吧！"他抓住我的手，用手电筒照亮海水，给我看水里的各种鱼：受到惊吓时会鼓成气球的刺鲀；头上长角的角箱鲀；扁扁的美洲魟躺在沙子里，像一片幽暗的影子……然后，罗伯捏了一下我的手，灯光指向海底的另外一只动物。一开始，我还以为他给我指的是那只肥大的橙色海星，但我看向它的旁边，才发现在珊瑚残骸的裂缝中，有一堆红棕色的东西在朝着我们的方向涌动。这是一只章鱼！它舒展开腕足，露出了白色的吸盘，眼睛突出。它突然被光照到，恼怒地把身体变成了亮红色，然后迅速消失在了洞穴里，快得就像水流进了排水口。

★★★

　　十一月七日，星期二。"今天，"在下潜之前的简报环节中，弗朗西斯科对我们说，"我们要去的潜水点在哥伦比亚礁。"我的旅游指南里写着，这片珊瑚礁在科苏梅尔岛的南端边缘："巨大的珊瑚柱耸立在白沙之上，靠海的一面向下倾斜，下面是连绵不断的阶地"。这里以大型石芝珊瑚、柳珊瑚、巨大的海绵和海葵而闻名。

"我们开始下潜的地点有很多砖块，还有一个船锚。"弗朗西斯科继续介绍道，"在海底会合后，我们要游过岩架，来到一个陡坡。这里有一些尖顶礁石，有些还垂挂着悬岩，然后我们会游到一处断层。大家可能会在那里看到海龟。上周，我们在这片地方的中央，遇到了25条大海豚从后面朝我们游过来。我们还有可能看到鲨鱼和魟鱼，或许也能看到几只龙虾聚集在一起。我们这次要下潜到24米的地方。要是水流变快了的话，记得靠近珊瑚。上浮的时候跟着水流就行了。"

多丽丝第一个跳进海里，我也紧跟其后。但我这次出了一些问题。下潜到3米深的时候，我的耳朵就开始疼了。我慢慢上浮，试图用力憋气来平衡耳压，但这个方法并没有奏效。我尝试着继续下潜，但耳朵的疼痛让我无法忽视。于是，我先后给多丽丝和罗伯打了"无法平衡耳压"的手势。

罗伯给我演示了一些技巧：头歪向一边，然后再歪向另一边；不要憋气，尝试做擤鼻涕的动作；然后上浮一点，再试一次。但这些方法全都对我没有用，我也大概知道是为什么。昨天我潜水三次，其中还有一次潜到了26米，是我人生中最深的一次。今天早上我还忘了吸之前一直用的减充血鼻喷雾。

罗伯和我一起浮到水面。"我要是继续下潜的话，会有什么影响？"我问。"最好不要冒险。"罗伯劝我放弃。我在心里考虑了一下：明天有夜间船潜，可能是这周看章鱼的最佳机会了。我不能错过明天。

在同伴们的帮助下，我登上船，痛苦地坐在座位上，双手捂住不听话的耳朵，抱着头。我吞了一片速达菲[1]，希望我的耳压能够恢复正常，不要影响一个半小时之后的下一次潜水。

我以为在船上的这段时间会很难熬，但其实它过得很快。也许在海上，时间的流速也会因为水的重量和黏度而变得不同。即使仅仅是把手伸进迦梨和奥克塔维亚的水箱，我都感觉时间的流速和平常不一样了。我心想，或许这就是另一种思考的节奏——不像人类的灵光乍现，而是优雅、有分量，如同血液一般缓慢流淌。在陆地上，我们的思维和动作就像好动的孩子，又像一会儿盯着电脑、一会儿看看手机的青少年，多线程活动，从不专注于一件事。但大海让你不得不慢下来，专注于一个目标，适应周围的环境。被海水包裹着，你会感受到一种恩宠、一种力量，这是生活在空气中的我们不曾体会过的。遨游在海洋里，仿佛跌入了地球辽阔无垠的潜意识梦境。我们折服于其深不可测的空间、温柔多姿的水流和恰到好处的重量。这既是一种谦卑，又是心灵的解放。

一个半小时之后，我的伙伴们浮出水面，但我的耳朵依然没有好转。我发现另外一位潜水员迈克在下潜的时候耳压也出现了问题，但他还是完成了这次潜水。不过，他现在开始流鼻血了，不能参加紧接着的下一次潜水，只能坐在船上休息。他也觉得很失落。

弗朗西斯科开始向除了我和迈克以外的其他人做潜水简报。这

---

[1] 伪麻黄碱类药物，可以减轻充血，缓解鼻塞。

次的潜点在钱卡纳珊瑚礁，这里以龙虾和蟾鱼而出名。"另外，这里还有一点非常吸引我。"弗朗西斯科说，"我们可能会看见海龟，而且是绿海龟。"

"就是桃金娘那种海龟！"多丽丝对我说。她想起来，要是我们没来潜水的话，今天本来应该是她去水族馆做志愿者的日子。"不知道它今天想我了没？"

"最多潜到 15 米。"弗朗西斯科提醒大家，"小心一点。这里的沙子就像粉尘一样，很容易扬起来。"

然后，我和迈克就眼睁睁地看着同伴们大步迈进碧绿的海水，把我们抛在了船上。

之前，我都只专注于自己的潜水准备工作。这一次，我能从旁观者的角度，清楚地看见潜水员从岸上到水中的变化过程。他们拖着巨大的蛙鞋，从船上跨步走下水，这种下水动作叫作"大跨步"。虽然这个动作听上去气宇轩昂、富有技巧，但实际做起来，就连发明了水肺潜水的雅克·库斯托都会像在表演《愚蠢行走部门》①。我的朋友们都是身经百战、姿态优雅的潜水高手。即使是他们，在走这一步的时候，看起来都非常尴尬好笑，甚至脆弱无助。看到他们这个样子，我倒有些震惊。但下一秒，他们就发生了脱胎换骨的变化。他们跌入了世界的另一面，从步履蹒跚的笨重怪物变成了一道举重若轻的优雅身影。我不禁想：生命消弭之后，也会有这样的变化吗？

————————————

① 一档喜剧电视节目，剧中的人会用一种大踏步的方式走路，以此达到搞笑的效果。

★★★

到了星期三，这是我通常去见迦梨和奥克塔维亚的日子。不过这次的星期三，我们要进行夜间船潜，这是此次潜水旅行看到野生章鱼的最佳时机。大家都很关心我的耳朵。迈克和罗伯觉得没事，今天可以潜水，但多丽丝和巴尔布强烈建议我不要参加早上的第一次潜水，因为这次要下潜到 21 米，是今天最深的。在夜潜之前，下午和傍晚还会各有一次潜水活动。

所以，虽然我跟大家一起坐船出海了，但并没有参加早上的第一次潜水，不得不遗憾地错过弗朗西斯科说的那些绿裸胸鳝、海龟和鲨鱼了。今天浪比较大，海面上波涛翻滚。大家都赶忙跳下船，躲到波浪之下。可是，多丽丝的装备出了一些问题，浮力控制装备上的充气软管没有接好。船上的两名工作人员像赛车维修组一样麻利地帮她接好了软管，但这时其他人都已经下水了，多丽丝迟了一步。

她下水之后，我焦急地探出身子去看她有没有跟上大部队，但因为风浪太大了，我连气泡都没有看见。她消失得无影无踪，仿佛不曾存在过，水下也没有她的身影。我们的船继续往前开，到了另一个潜点，放下另一批潜水员。多丽丝心里有数，肯定不会有事的，但我就是忍不住要担心。

船长也和我一样担心。放下另一批人之后，他把船开回了原来的潜点。这片海域全是船只和潜水者，我们的人在哪儿呢？这时，我们突然看见了橙色的细长漂浮物，这个东西名叫"浮力棒"。有了它，我们发现了多丽丝的踪迹。

多丽丝没有受伤，但是确实和同伴走散了。"我一直在找他们。"她坦白，"老实说，我当时都不知道能不能找到他们！"多丽丝离开海水，爬上甲板，还是像往常那样开朗。"这根浮力棒在我的装备里放了四年，之前一次都没用过！"她说。

船员们看向海面上的波涛，试图在里面找到来自我们这组潜水员的气泡。最终，他们找到了我们的人，然后我这位洒脱的教练就像没事儿人一样，下水和他们会合去了。不过，今天其他人就没有这么平静了。因为风浪都很大，许多潜水者遇到了和多丽丝一样的问题。

第二次潜水的时候我也没下去。我坐在船上，看见水面上全是长得像香肠一样的浮力棒，简直就像开了德国香肠店。我们还向其中一位潜水者伸出了援手。这是一位年纪比我大一点的男性，他上来之后还有点儿惊魂未定。"一般来说，我浮上来的时候，船已经在那儿等着我了！"他有些懊恼，但他没记住他的船和潜水长的名字。我们的船上正好空了一个位置可以给他，因为船上有个倒霉的家伙走丢了。这个家伙之前在船上吐了，但没有吐到海里，而是吐到了甲板上，于是其他人也跟着他一起吐到了甲板上，所以我们给他起了个外号"呕吐哥"。过了一会儿，我们看见他在另外一条船上，显然也是浮上来的时候上错了船。最终，我们帮救上来的老人找到了他的船，也把"呕吐哥"找了回来。不过，这家伙还是把配重腰带落在了之前那条船上。

白天都有这么多潜水者迷路了，我不禁更加担心：夜潜会不会出什么差错呢？

★★★

下午三点，我们在码头集合，为傍晚的潜水做准备。这么早就集合，是因为从码头坐船去潜水点需要一个小时。"这个潜水点叫大利拉。"弗朗西斯科说，"没有必要下潜到 18 米以下。现在还早，下去的时候不会特别暗，可以就着光看一眼海底的环形山。这个时间我们能看见海龟往南迁徙，铰口鲨找地方睡觉，还能看见鹦嘴鱼。要是水流变大了，就贴着珊瑚礁游。大家记住了吗？"

我开始祈祷耳朵不要出问题。

我一边慢慢下潜，一边不断地做平衡耳压的动作。多丽丝全程关切地看着我。到了海底，我给她打了一个"没问题"的手势，然后才注意到大家都在关注着我的情况。

四十分钟转瞬即逝，我的设备显示下潜深度是 27.4 米，但我的耳朵没有出现任何问题。我能感受到的只有喜悦，因为有一只巨大的蓝色双色笛鲷跟了我们一路。

水下越来越暗，我也越来越有信心。我能做到！现在只需等待野生章鱼大驾光临。

★★★

海面上越来越暗，越来越冷。我们坐在船上，排出血液里堆积的氮气。

我和多丽丝盖着同一条毯子，一边发抖一边咯咯地笑。现在我很紧张，想着各种可能的不利因素：我的耳朵可能出问题；现在天这么黑；入夜了，我们还是在不熟悉的海上……

弗朗西斯科开始做下潜简报。"我们就快要成功了。"他说，"这个地方叫帕拉迪索，在西班牙语里是天堂的意思。在科苏梅尔所有的潜水点里，这里是最适合夜潜的，应该能看到章鱼和鲨鱼。但是，每个夜晚的情况都不一样。有的时候，人们的确能看见很多章鱼。但是在满月之夜，章鱼就会出门，因为它们要捕猎，月亮就是它们的照明灯。不过，龙虾会待在巢穴里。你们还能看见大螃蟹、大鱿鱼。这边还有尖尾蛇鳗，长得像蛇一样，一般栖息在珊瑚礁那边。"

"下水之后，我们先在船尾碰个头，然后一起下潜。把手电筒打开，打手势的时候要照到手。浮上来的时候照亮头部，这样船上的人才能看见你。"

"我的灯光是橘棕色和绿色的。看见这两种光，那就是我。好了，大家出发吧！"

我们每个人都有两种光：手电筒和背上的发光条。我在罗伯后面下水，因为上次在岸边夜潜出了问题，他决定这次全程抓着我的右手。

我们一起慢慢下潜。到了0.9米深的地方，我的耳朵感觉到了挤压，开始做耳压平衡的动作，使劲憋气几下，然后再下潜。到了3米，我给罗伯打了"耳压有问题"的手势。我们一起上浮了不到0.6米。我做了弗兰泽尔动作和瓦尔萨尔瓦动作，把头歪向一边，再歪向另一边，然后感觉好了一点。我用手电筒照亮左手，打了一个"没事了"的手势。

我开始下潜，0.3米，0.6米，0.9米……我的耳朵发出了抗议。但只要没有疼到忍不了的地步，我还是会坚持下去。

最后，我和罗伯都抵达了海底，和大家会合。我们在黑暗中沿着珊瑚礁慢慢前进。

还好罗伯抓着我的手，要不然我可能无法同时处理这么多事：调整浮力、拿着手电筒看深度计数、平衡耳压、寻找动物，还得时不时调整面罩。这种感觉就像是坐在小小的太空舱里遨游外太空，浓重的黑暗笼罩着我。我的感官范围受到限制，只能把注意力集中在手电筒微小的光点上。然后，我就看到一只巨大的螃蟹，一簇高耸的紫色珊瑚，一条亮蓝色的神仙鱼，一群笛鲷聚集在珊瑚下面，一只棘刺龙虾挥舞着触须……再前面是闪电一样跳动的光，来自同伴们的摄像机和浮力控制器。然后，我看见了一只章鱼！

我按了按罗伯的手想要提醒他，不过他已经看见了。这只章鱼慢慢从洞穴里蠕动出来。它的皮肤是棕色的，上面有白色的条纹。随着它把腕足伸出洞穴，它的皮肤颜色也变浅了。它伸出了三条腕足，扭头，和我们对上了眼神。然后，它变成绿色，再变成棕色，最后消失不见。

黄色的珊瑚虫舒展着捕食的触手，紫色和橙色的海绵映入眼帘。然后，我又看见了一只章鱼！它的眼睛向外突出，然后又瘪了下去。它的眼睛外面有一圈黄色斑纹，瞳孔是细长的形状。它见到我们，立即在皮肤上变出繁星一样的斑点，然后躲进了洞穴里。

继续往前，我用手电筒照到弗朗西斯科正在把玩一只河鲀。不知道为什么，它并不介意弗朗西斯科用手掌碰它的肚子。

就在罗伯转动手电筒，想要吸引我的注意时，我们的正下方出现了今晚的第三只章鱼。我翻动身子，脚朝上头朝下，在更近的地方观察它。这只章鱼比之前两只都要大，而且不像它们那样警觉。它向我爬过来，虹吸管没有对着我。它在皮肤上变出闪动的条纹图案，然后是点状图案。我感觉它是在测试我，就像科学家做实验一样，看看我会有什么反应。

我很想留下来再看它一会儿，但是水流正在把我带走。罗伯也在催促我，他必须确保我们在黑暗中不掉队。我感觉自己就像是日瓦戈医生[1]，才刚在繁忙的街道上看了朝思暮想的拉拉一眼，电影就结束了。但是，我身处海洋的掌控之中，水流让我不得不前进。

手电筒的光柱里不断闪现奇异的景象：一条尖尾蛇鳗，尾巴像扁平的船桨，末端是尖尖的；一群蓝仿石鲈，因为会发出磨牙的声音，所以英文名叫 grunt；一条亮蓝色的神仙鱼；一只大螃蟹……但与此同时，我耳朵的压力也在不断累积，渐渐无法集中注意力。我不断用力憋气，试图平衡耳压，但这一系列操作反而在我的脑袋里制造出奇怪的尖叫声和吐泡泡的声音，混杂着出气阀里达斯·维达式的"嘶嘶"声。要不是罗伯抓着我的手，我可能会完全失去方向。

这时，我看见了第四只章鱼，而且就在珊瑚礁上！它的体形比较小，也很害羞，我只能看见它露在珊瑚洞穴外的眼睛和吸盘。

---

[1] 电影《日瓦戈医生》中的角色。该片讲述了第一次世界大战期间，远赴战场担任军医的日瓦戈认识了裁缝漂亮的女儿拉拉，两人坠入爱河却被战争分离的故事。

我的耳朵已经撑不住了。这时，罗伯也做了个大拇指朝上的手势，示意我该回去了。我跟着他，慢慢地上浮。我们吐出的气泡在黑暗的海里上升，仿佛夜空中划过的流星。

第六章

出口

自由，欲望，逃离

潜水归来，我回到水族馆，发现奥克塔维亚的身体状况依然很不错。它最近比较活跃，会转动腕足，把嘴面向玻璃，然后再翻个跟头，头朝上，其余部分自然下垂。它变出"眼线"，然后是斑纹图案，再将三条腕足举过头顶。它把鳃张得大大的，一条腕足插进鳃里，再从虹吸管里伸出来，摇摆着露在外面的部分，就像在叫出租车。随后，它把鳃里的腕足抽出来，又伸进另一条腕足。现在，它的颜色变淡了，每次呼吸都会用力地吸入并排出大量的水。它的瞳孔变成了两条粗粗的横线，这让它的表情看起来非常严肃。这时，它又把虹吸管转到了我看不见的位置——这个器官真是比人的舌头还灵活。它继续调整自己的颜色，"眼线"消失了，它的身上变出星芒图案。它一边把卵轻轻拍向洞穴深处，一边变换斑纹，皮肤的色彩犹如精美的波斯地毯。然后，它转了一下身体。趁这个工夫，我看见洞口直到里面 0.6 米深的地方，全都铺满了它的卵。这里的卵肯定不止几千个，可能有十万个。我把它的卵指给旁边来参观的两个孩子和他们的妈妈看，他们非常吃惊。

在我们头上半层楼的地方，威尔逊打开了水箱的盖子，用长夹子给奥克塔维亚先后喂了两只鱿鱼。我往下看，孩子们都入迷地看着奥克塔维亚吃东西的情景。它用餐的时候，一边的向日葵海星向威尔逊探出了一条管足。"它也想吃鱼。"我告诉一旁的孩子们，"海星虽然没有大脑，但是也不笨。快看！"威尔逊立刻给了它一条毛鳞鱼。这只海星就在孩子们眼睛的高度，用腹部贴着玻璃，然后用一条条纤细的管足传递它的食物，慢慢地把鱼从足尖送到了中间的嘴边，足足传递了 23 厘米的距离。接着，它把胃从嘴里伸了出来。

孩子们已经看呆了。"它可以分泌胃酸来分解食物！"我向他们解释道。毛鳞鱼像止咳糖一样慢慢融化，围观的孩子们发出了兴奋的叫声。

迦梨现在和奥克塔维亚差不多大了，给它找个新家已经是刻不容缓的任务。上个星期，克里斯塔和威尔逊告诉我，他们给迦梨喂食的时候，它的腕足全部涌出水桶，用力吸住水桶边缘。要不是他们及时把它的吸盘扒下来，它可能就要逃走了。"它好像特别想出来。"克里斯塔告诉我。不过，今天我来看它的时候，它没有这么激动，而是和之前一样安静友好，冰冷潮湿的吮吸也像是温暖的拥抱。

或许，上个星期迦梨的异样是因为旁边来了个新邻居——一条生病的海鲫住到了它的水池里。海鲫用的药是吡喹酮，这种成分对章鱼的作用还未知，所以后来比尔把迦梨的桶放到了另外一处有独立水源的开放式水箱，和原来的水池只有一米之隔。现在，迦梨的桶就漂浮在这个水箱里，和它做邻居的是比尔从缅因湾带回来的许多动物：海葵、长着橙色管足的海参（很像彩色的腌黄瓜）、蒙特雷柄海鞘（一种长得像生姜的海鞘），还有圆鳍鱼。圆鳍鱼的身体呈金属色，肥肥的很可爱，嘴巴总是张开，做出惊讶的"O"形。圆鳍鱼进化出了一种应对水流的招数，它腹部的吸盘可以像玻璃窗上的装饰一样，吸附在任何物体的表面。此外，它们还很聪明。2009 年，水族馆的工作人员拍了一个视频，视频中有只名叫"金发女郎"的圆鳍鱼在海洋哺乳动物训练员的指挥下，完成了一系列的复杂动作，比如在水下钻圈、根据指示吐泡泡、静止不动等待兽医刮取皮肤样本，以及在水面上兜小圈子游泳。我之前带萨利一起上过狗狗学校的服从指令课程，兜圈对应的指令是"转"。即使边牧是出了名地聪明，我还是没能教会它这个动作。

有一条新来的圆鳍鱼看起来对迦梨很感兴趣。昨天比尔告诉我，他在喂迦梨的时候，这条鱼游过来，对着它的腕足左看右看。

"可能这样一来，迦梨的生活也会更有意思一点。"克里斯塔说。"我也希望如此。"威尔逊说，"它确实需要找些乐子。"

迦梨不能碰到这些邻居，但能尝到它们的味道。它身上的化学传感器能够接收到至少 27 米外的化学物质信息。一位研究人员发现，章鱼的吸盘能够品尝出海水中的味道，比人类的舌头品尝蒸馏水中的味道要灵敏许多倍。也许，迦梨早就对这些邻居的物种、性别和健康状况了如指掌了。

我们知道章鱼一般不和同类来往，但还并不清楚除了捕猎和被捕猎以外，章鱼和其他动物会有怎样的关系。家养头足类动物的行家们建议新手不要把章鱼和其他动物放在同一个水箱里养，因为章鱼有可能会吃掉它们。但是，章鱼并不一定总是对同水箱的邻居抱有敌意。温哥华水族馆馆长丹尼·肯特发现，在馆里的不列颠哥伦比亚海域展区，有些章鱼能和一群岩鱼相安无事很多年，有的则会迅速把所有邻居都吃干净。在这家水族馆的乔治亚海峡展区，一个巨大的水箱里住着一只章鱼。它会爬到水面的岩石上，把一条腕足伸进水里。肯特观察了它一阵子，发现这只章鱼是在用腕足作为钓鱼竿，等着鲱鱼上钩，然后把它们抓住吃掉。

章鱼可能会发展出很复杂的邻里关系。2000 年，西雅图水族馆做了一个大胆的决定，让几条 1.2 到 1.5 米长的角鲨和一只北太平洋巨型章鱼一起住进一个大水箱。这样做虽然很冒险，但他们觉得，章鱼要是受到威胁，一定能好好地躲起来。然而，他们想错了。让工作人员震惊的是，章鱼反过来开始谋杀这些鲨鱼，它们的尸体完好无损地出现在水箱里。（水族馆把这件事的录像传到了网上，还火了一阵子，290 万网友对此感到非常震惊。）这并非捕食行为，也不是感到威胁之后立刻采取的反制措施。根据当时的新闻报道和视频，这场针对鲨鱼的谋杀，目的是先发制人。这只章鱼在鲨鱼还没有机会对它造成威胁的时候，就已经先下手为强，除掉了潜在的捕食者。

在科苏梅尔，我也目睹过一些奇妙的场景，可能反映了另外一种我曾在相关报道里见过的物种间关系。在科苏梅尔的最后一次潜水，我们去的是一处小众潜点，没有那么多大型珊瑚礁，也没有太多凸出的岩石。下水大概半个小时之后，在水深 9 米的地方，我们看到了一只加勒比海礁章鱼，正趴在凸出岩石下面的白沙上。我游近了一点，惊讶地发现在它面前几厘米的地方，聚集着十几只活螃蟹，红的绿的都有，甲壳宽度在 5 到 8 厘米之间。考虑到这些螃蟹的处境，它们看起来实在是太过冷静了。有的螃蟹会慢慢地移动，但要是爬得太远，这只章鱼就会伸出一条腕足，轻轻地把螃蟹扫回来。

这个场景太奇怪了。面对一顿全是它最爱食物的大餐，这只章鱼竟然没有变成代表兴奋的红色，而是呈现出白色，还泛着绿色镭射光泽。而且，它没有用吸盘把螃蟹吸回来，而是用腕足轻轻扫回来。螃蟹没有飞快地逃跑，这也很奇怪。我在现场也并未看见任何吃剩下的螃蟹壳或残肢，而章鱼的巢穴附近通常都会有这种东西。不过，这里也有可能并不是这只章鱼的巢穴。这里的螃蟹数量很多，或许我没看见螃蟹壳只是因为它们被活螃蟹挡住了。这只章鱼匆匆看了我一眼，随后又去照看螃蟹了。即使我离它的距离只有不到8厘米，它也没有逃跑。

我很想多停留一会儿，但水流太急，那次又是放流潜水，所以我只能在回来之后请教水族馆的朋友：那些螃蟹是在干什么呢？为什么不逃跑？那只章鱼又想对这些螃蟹做什么？它是不是在运营着一家螃蟹养殖场？我又提出了另一个想法：有没有一种可能，章鱼用墨汁麻痹了那些螃蟹？

美国海洋动物学家乔治·艾伯和内蒂·麦金尼蒂曾经偶然把一条海鳝放进了章鱼的水箱，这只章鱼当时正躲在泥里。海鳝进去之后就开始游向章鱼，可当它靠近章鱼的时候，章鱼朝它喷了墨汁。然后，这条海鳝就继续捕猎其他动物，但没有攻击章鱼。即使它已经碰到了章鱼，也没有显现出攻击或者捕食章鱼的意图。后来两位研究者重复这个实验，每次都会出现同样的场景。

章鱼的墨汁里不光有黑色素，还有几种会影响生理活动的物质，比如酪氨酸酶。这种酶会刺激动物的眼睛，堵塞它们用来呼吸的鳃。1962年，《英国药理学杂志》上刊登的一篇文章指出，在哺乳动物身上进行的实验表明，酪氨酸酶会阻断催产素（也就是"抱抱荷尔蒙"）和血管升压素（一种会影响循环系统的抗利尿激素）的作用。鱼类、鸟类、两栖动物和无脊椎动物体内都有类似的这两种激素。

另外，实验证明，鱼类体内的催产素和哺乳动物体内的一样，会影响动物的社会行为。那么，通常独来独往的螃蟹居然会异常平静地和同类聚集在一起，甚至对旁边的捕食者视若无睹，会不会是因为它们体内的催产素水平受到了干扰呢？

章鱼墨汁里还含有多巴胺，这种神经递质也被称为"奖励荷尔蒙"。我最近就在一个很喜欢的博客里读到关于多巴胺的内容。这个博客于 2010 年 5 月由当时在布法罗大学攻读心理学的迈克·利斯基创建，上面会发布一些研究头足类动物生理和心理的文章。迈克猜测，鱿鱼的墨汁可能会让捕食者陷入一种错觉，误以为它们已经抓到并吃掉了猎物……如果捕食者喝了一嘴墨水，感觉到代表"吃到了肉"的氨基酸，它们可能就会觉得已经抓到或者吃到了猎物，从而不再继续追捕鱿鱼。我猜，那些螃蟹已经中了毒，所以才会表现得那么快乐、满足。

"我感觉你看这些文章看得太多了，在过度解读。"威尔逊提醒我。

"什么？！你觉得章鱼用墨汁迷惑螃蟹，把它们聚集到一起开'螃蟹养殖场'，这些是无稽之谈吗？"我反驳道，"那你应该听听这个。"

我给威尔逊讲了我和彼得·戈弗雷–史密斯之间的一段对话。他是一位哲学家，每年夏天都会在悉尼港潜水，遇到过很多大型墨鱼和章鱼。他说，和这些动物在一起，就像"遇到了拥有高等智慧的外星人"。

和人类一样，他遇到的这些头足类动物表现出了智慧和自我意识。"你看，它们的腕足里也有神经元！"他说，"它们的心理构造也和我们完全不一样。或许，章鱼的智慧是去中心化的。"他问："要是你长成章鱼这样，还会不会像现在一样，感到有一个处在意识中心的'自我'？但我们的构造和章鱼并不相同，所以我们真的很难想象章鱼的精神世界。"

如果章鱼没有中心意识，那它有没有彼得所说的"分散于身体各处、但是会协调合作的意识"？章鱼会觉得有很多个自我吗？每条腕足有没有自己独立的思想？

章鱼的不同腕足甚至可能有不同的性格，有的内向，有的外向。维也纳大学的研究员鲁斯·伯恩观察到，她实验室里的章鱼总是会先用最喜欢的那条腕足去探索没见过的物体或者迷宫，即使章鱼的每条腕足都一样地灵活。她的八只章鱼在扑向食物的时候都会用上全部的腕足，再用腕间膜覆盖住食物，但在拿起食物的时候，它们都只会用特定的一到三条腕足。根据鲁斯团队的计算和观察，如果一次至多用三条腕足，且所有腕足都可能被用到，那么总共有448 种组合，但章鱼实际使用的却只有49 种。

这种偏爱可能是因为章鱼中也有左撇子和右撇子。研究发现，章鱼——至少是圈养的章鱼，会偏好使用某一只眼睛。鲁斯认为，章鱼会爱屋及乌，偏爱使用离这只眼睛最近的腕足。

不过，腕足有内向和外向之分，这又是另外一回事了。章鱼会给不同的腕足分配不同的任务，就像我们用左手拿钉子，右手抡锤子。不同的腕足也会有自己的个性，每条腕足就像独立的生物一样。研究人员反复观察到这样的现象：在面对水箱中央没见过的食物时，同一只章鱼的一部分腕足会大胆地走向食物，而另外一部分腕足则会畏缩，试图寻找安全的角落。

章鱼的每条腕足都有很强的自主性。研究人员在做实验时剪开连接章鱼腕足和大脑的神经，然后刺激腕足的皮肤，腕足依然会给出正常的反应，甚至可以变长去抓食物。研究人员向《国家地理》杂志表示，这一实验证明，"章鱼腕足的神经元会单独处理很多信息，而这些处理结果并不会反馈给大脑"。科普作家凯瑟琳·哈蒙·库拉吉认为，章鱼能够"把（对外界信息的）许多分析过程外包给身体的各个部分"。更奇妙的是，"腕足之间不需要经过大脑就能互相交流"。

"章鱼的腕足真的很像另外一种生物。"斯科特也同意这样的看法。章鱼不仅能在失去腕足后长出新的，而且还有证据表明，它们即使没有面临险境，有的时候也会选择自断腕足（捕鸟蛛也会有类似的行为——如果有腿受伤了，它就会把腿折断然后吃掉）。

"如果一条腕足看另一条不顺眼，它会把另一条腕足拽下来吗？"威尔逊笑着问我们。

"就像连体婴儿打架那样吗？"

威尔逊说："我们对很多动物的生活方式实在是了解甚少。你知道得越多，就越会碰到奇怪的现象。我们开始讨论这种现象，也就是最近这二十年的事。我们对于动物的理解真的只是皮毛而已。"

★★★

　　"我拿到那份工作了！"

　　一周后，克里斯塔穿着新的工作服向我打招呼。她的新衣服是讲解员的深蓝色短袖衬衫，印着水族馆的小鱼标志。水族馆改造工程给游客带来了噪声和各种不便。为了弥补游客的损失，水族馆又招了十名讲解员，为游客深入介绍馆里的各种展区，提供个性化的导览服务。"这个岗位是临时的，而且是兼职，改造工程结束之后就会撤销。"她解释道，"但我还是有一种梦想成真的感觉！"除了这件工作服，水族馆还给她发了一件小号的潜水服。上任之后，她的第一项工作就是穿着潜水服在企鹅展区的水里陪桃金娘遛弯，给观众讲解，同时也让这只体形庞大的海龟有机会锻炼一下身体。

　　或者说，这只是克里斯塔以为的工作内容。她穿完潜水服之后，另外一位个子娇小、一头红发的潜水员转过身来问她："你有潜水证吗？"

　　"呃……还没有。"克里斯塔有些忐忑。她一直很期待能陪桃金娘散步，但现在，她有些害怕自己根本没有这个资格。

　　"如果你没有证书，"红头发的潜水员严肃地说，"那你就不能——"她停顿了一下，然后换上了微笑："不能玩儿得尽兴！"

　　这个跟克里斯塔开玩笑的潜水员其实就是多丽丝。随后，她开始教克里斯塔如何用生菜叶子引诱桃金娘，让它跟在后面，绕着企鹅展区走。克里斯塔说，不能放任桃金娘在企鹅展区自由活动。它的体形太大了，要是不看着一点，就可能会卡进两块岩石中间。"它很喜欢待在过滤器旁边，就是在水管和墙之间的那块地方。"克里斯塔说。在带桃金娘散步的时候，工作人员必须时刻关注这只249千克重的海龟，不让它被卡住。

桃金娘的锻炼时间是两个小时。这里的四只海龟在锻炼期间都有专人陪伴，锻炼目标也各不相同。馆里有两只红海龟，其中一只眼睛看不见。它是1987年秋天在科德角被发现的，当时它的体温已经低到所有人都以为它死了。工作人员要拉走它尸体的时候，有人发现它动了一下，于是它被紧急送到水族馆进行救治。"所以我们给它起名'重生'。"克里斯塔解释道。它因为冻疮失去了眼睛，所以"它要是朝你这边游过来，你得给它让路，不然它全力冲刺的时候会把你撞飞。它可不是什么淑女。"亚莉是一只肯氏丽龟，它喜欢让潜水员游到身下，在水里把它举起来。每当它把头抬起来，那就是想要"举高高"了。所有潜水员都很清楚它的爱好，也都会抢着为它效劳。"它会用小趾头或者鳍状前肢上的爪子勾住我们！"克里斯塔说。

＊＊＊

克里斯塔现在有了新的工作任务，并且每周还有四五个晚上要去酒吧工作。尽管如此，她每周三还是抽出时间和我们一起去看迦梨。现在海鲫已经痊愈了，所以比尔把迦梨的桶放回了水池里原来的位置。

迦梨18个月大的时候，体形就已经和奥克塔维亚一样大了，这也是因为奥克塔维亚的身体因为衰老而萎缩了。两相对比其实有些讽刺：日渐枯萎的奥克塔维亚住在 2120 升的大水箱里，但只想安静地和它的卵一起缩在水箱一隅的小巢穴里；蓬勃成长的迦梨却只能困在 189 升的小水桶里，渴望去探索更大的世界。

威尔逊希望迦梨和奥克塔维亚能互换住处，但我们没有办法把奥克塔维亚和它的卵一起移走，更不可能让它离开心心念念的卵。

"要是把它们分开，奥克塔维亚肯定会很伤心。"克里斯塔说。

"而且在这个节骨眼儿上，"威尔逊自己也说，"它的卵也能吸引游客。"

有一天，奥克塔维亚做出了我们之前都没见过的举动，最初发现的是克里斯塔。她在周一中午休息的时候看到，那只通常待在水箱另外一边的向日葵海星，开始从离水面很近的地方，沿着水箱后壁，慢慢地接近奥克塔维亚。海星走了路程的三分之二，奥克塔维亚突然暴起，头朝前冲向海星，腕足弯曲，前后移动，就像进攻中的拳击手。"整个过程它只离开了卵两到三秒。"克里斯塔说。但这一系列操作已经足以震慑这只海星了，它慢慢撤退。奥克塔维亚也回到巢穴，继续守着它的卵。

后来，奥克塔维亚又做出了类似的举动。它吃完了威尔逊递过来的银边鱼，正用腕足把自己吊在岩石上，没有接他递来的第二条鱼。于是，威尔逊开始给向日葵海星喂鱼。海星正好走到水箱中间，嘴面对着游客。它接过一条鱼，正在用管足把鱼往嘴里送。威尔逊又递过来第二条鱼，它也接住了。它一边用管足把这两条鱼送进胃里，一边继续朝着奥克塔维亚的方向移动。它离得越近，奥克塔维亚越激动，开始挥舞腕足，亮出吸盘，瞳孔也扩大了。奥克塔维亚先朝着水箱的另一边伸出一条腕足，伸展开来大约有 1.2 米那么长。然后，它离开原来的位置，露出了一串串珍珠一样的卵。虽然它有两条腕足依然吸附在巢穴的顶部，但其他的腕足和腕间膜全都离开了它的卵，就像被微风吹开的窗帘。它激动地挥舞着腕足，吸盘朝外，足尖弯曲。这种示威性的动作持续了大约十五分钟。最终，海星停了下来，不再接近它，原路返回了。即便海星没有大脑，无法分析这个场景，但似乎还是理解了奥克塔维亚传递的信息。奥克塔维亚重新坐回到卵串上面，腕足的动作也逐渐变得平静缓慢，最终放松下来。

"我觉得它一开始没搞懂那只海星要干什么。"威尔逊说。他从楼上下来，和我们一起看奥克塔维亚不寻常的表现。"后来它才反应过来，海星只是在吃自己鱼。不过要是那只向日葵海星再靠近一点的话，那我也无法预测奥克塔维亚会采取什么样的行动。"在野生环境中，向日葵海星确实会吃章鱼的卵。

"应该给它颁一个'年度最佳妈妈'的奖！"克里斯塔说。

然而，奥克塔维亚无微不至的照顾并不能阻止它的卵逐渐枯萎，有一些卵已经落进了下面的沙子里。威尔逊怀疑，这些卵最终可能都会分崩离析。要是没有了卵，奥克塔维亚就完全可以住进迦梨的水桶了。一周后，他向比尔询问水族馆能不能给两只章鱼换个地方，但是没人愿意这么做。"奥克塔维亚的卵实在是绝佳的展览品。"威尔逊告诉我。

★★★

在有些日子里，迦梨活泼兴奋，能吸引所有人的目光，连续玩上二十分钟都不带停。它可能会抓住我们递过来的鱼，但不会立刻吃掉，而是先和我们玩儿，爬一下、拉一下、缠一下、吸一下我们的手。它会升到水面上，再突然沉下去，缠着我们腕足也变松了。然后，等我们都放松了警惕，它就会猛地拽住某个人的手。我们都被它的章鱼恶作剧逗得前仰后合。

玩儿过了之后，我们会一起休息。它浮在水面，吸盘轻轻地吸住我们的手，时间缓缓流动。有时，我们看着它皮肤上变幻的色彩，仿佛看到了它脑海中不断掠过的种种想法。它在想什么呢？迦梨在品尝着我们皮肤下流动的血液时，会不会也看到了我们的所思所想？它能尝到我们的爱意、平和与喜悦吗？

但也有时候，特别是最近，迦梨显得有些闷闷不乐。它只是浅尝辄止地碰碰我们，身体颜色也显得有些苍白。它会来水面跟我们打个招呼，但很快又沉了下去，把腕足铺满整个桶底。这种状态实在是让我担心。即便有人定期和迦梨互动，即便比尔会给它喂活螃蟹，这只年轻的章鱼真的能在这么狭小无聊的空间里茁壮成长吗？

接下来的几周，迦梨的状况成了我们星期三中午聚餐的主要话题。要不要把迦梨送到空水箱更多的其他水族馆？水族馆之间互换动物也是常有的事。现在住在企鹅展区的那条 1.5 米长、名叫因多的豹纹鲨就是刚刚从马里兰水族馆借来的。同时，斯科特还计划把温带海洋展区一些体形和年龄都比较大的鲱鱼送到蒙特利尔的一家

章鱼的灵魂 | 走进章鱼的奇妙意识世界

水族馆，那里的水箱比这边更大。但是，一提到要把迦梨送走这件事，我就会伤心不已，即便只是暂时借出去。可是，会不会这才是它最好的归宿呢？

斯科特并不这样认为。比尔很清楚，长大了的章鱼是出了名地难以运输。章鱼受到惊吓就会喷墨水，北太平洋巨型章鱼喷出的墨水足以把 11000 升的水箱全部染黑。运输用的塑料桶又没有过滤器，章鱼很容易在路上被自己的防御手段毒死。"另外，"斯科特补充道，"章鱼这么明白事儿，本来就很容易有压力。"

但我们又不能给迦梨造一个新水箱，现在整个水族馆已经是一片混乱。仅仅为了一只动物，造一个可能只需要用几个月甚至几个星期的水箱，这件事本身也不太合理。就算真的造了一个水箱，那要把它放在哪儿呢？它能防止章鱼逃跑吗？"问题是，它要是真跑了，我们麻烦就大了。"威尔逊说，"就算只有一个小小的孔，它也能逃出来。所以比尔别无选择，他什么也做不了。"

迦梨的状况让人烦恼。同时，威尔逊明白，人也必须受制于有限的空间。上周，他的妻子因为安宁疗护病房需要接纳新病人，不得不搬去了另一个房间。

"这样不会让她很不舒服吗？"我问。

"这样不好，"他说，"但也没有别的办法了。大家都尽力了。"

★★★

12 月 19 日，星期三。今天去看奥克塔维亚和迦梨的路上，我的心情格外地愉快。圣诞节快要到了，我觉得今天会是一个好日子。水族馆充斥着施工的噪声，远远盖过了为中和噪声而播放的古典音乐。不过，水族馆为了弥补这一点，增加了许多讲解员，几乎每群游客都能分到一位讲解员，所以游客们似乎并不介意有噪声。两名工作人员穿着潜水服站在企鹅展区，随时准备回答游客的问题。一位志愿者弯下腰来，给一个一年级学生展示玳瑁的模型。其他的志愿者忙着在互动展区给小朋友们演示怎么轻轻地抚摸鳐鱼。水族馆仿佛是世界上最快乐的地方。

今天早上刚进水族馆的大门，我突然很想坐在伊氏石斑鱼旁边。它就在"蓝洞"展区的前面。我走过来时，它转动眼睛注意到了我，当时它的水箱前面只有我一个人。我坐在它的水箱旁边，离它只有 5 厘米远，我甚至觉得可以像摸小狗一样摸摸它。它的体形也确实和狗一样大，体长大约 1 米，不过以后它能长到 2.4 米。"你可以把手放进它的嘴里，然后再拿出来。"马里恩说，"不过拿出来之后，手上就会鲜血淋漓。"但是，坐在它旁边，被它注视着，是一件让人内心平静的事。在野外，伊氏石斑鱼会用又大又美丽的眼睛注视着造访珊瑚礁的人。据说这种鱼很聪明，也像狗一样，每只都有自己的性格，潜水员甚至可以认出不同的伊氏石斑鱼。

我离开伊氏石斑鱼的水箱，经过古代鱼类展区、海龙展区、盐沼展区、红树林沼泽展区、鲱鱼和水母展区。走上现在铺着塑料布的斜坡，我注意到亚马孙森林展区现在已经被水淹没，食人鱼也被安排到了另外的水箱里。水螅水箱里现在生活着有着红色和荧光蓝色光泽的霓虹脂鲤，还有忙着游来游去的海龟。我走过电鳗水箱，经过新英格兰本地物种展区，又经过"鳟鱼小溪"，然后转了个弯来到缅因湾展区，再路过斯泰尔瓦根海岸展区，和浅滩岛展区聪明的圆鳍鱼和可爱的比目鱼打了个招呼……然后是伊斯特波特展区的美洲鲛鳐和闪闪发光的大西洋银边鱼……再来到太平洋潮间带展区，看到一大丛黄海葵，它们每隔二十五秒就会被海浪冲刷一次——人工海浪就像流动的闪电一样，扰动水箱里所有动植物……最后，我终于来到了我的宝贝面前。美丽恬静的奥克塔维亚正端坐在它的卵上面。这些卵今天有些泛棕色，但它还是非常尽心地照顾着它们。

我把手电筒打开，还没来得及脱掉外套，安娜就来了。她放圣诞假了，不需要去学校。我们相互拥抱。过了几秒，威尔逊从楼上下来了。"太好了，你来了。"他说，"快上来，比尔在给迦梨搬家！"

斯科特、克里斯塔和马里恩已经在大厅里等我们了。

迦梨要被送到 C1 区，那里有一个 340 升的水箱，目前放的是比尔从缅因湾带回来的一些无脊椎动物。负责改造工程的特纳建筑公司的员工们需要给 C1 到 C3 区的水箱都加一层坚固的盖子，因为他们需要跪到水箱上面才能够到高处的管道和线缆。"这些盖子很结实。"比尔说。它们由 1.3 厘米厚的亚克力板制成，比尔还在板子上夹了四个大力夹，这样就能把盖子牢牢地扣在水箱上，以迦梨的力气也打不开。看来这就是最好的处理方法了。

比尔把迦梨的水桶盖子拧开。迦梨抬头看我们，但并没有浮上来。比尔计划把它装在塑料袋里，带到隔了一条走廊、只有几步之遥的 C1 区。"塑料袋吗？"我很惊讶。"它来的时候就是装在塑料袋里的。"比尔说。

但迦梨好像有所顾虑,不肯进塑料袋。或许它能感觉到情况和平时有所不同。

"没关系,"比尔说,"我直接把桶拎过去吧。"桶本身的重量大概是 4.5 千克,但是装了水之后总共可能有 13.6 千克,海水还比淡水更重。迦梨的体重大概是 9 千克,不过这对又高又壮的比尔来说其实是小菜一碟。他把 1.2 米高的桶提了起来,轻松得就像我抽出一张纸巾。桶里的水涌到了水池里,不过桶底剩下来的水足够让迦梨舒舒服服地走完这一路了。六秒之后,比尔已经把迦梨拎到了C1 区,倒进了水箱里。

迦梨调整了一下姿势,皮肤变成了明红色,然后迅速开始用吸盘探索这个新世界。它的吸盘舒张、吮吸,滑过大水箱高耸的玻璃墙。迦梨的八条腕足都动个不停,主要专注于探索离我们最近的玻璃,但也没落下四周,除了背后靠墙的那一面。迦梨就像一个表演"被困在盒子里"的哑剧演员,不过它用的不是手掌,而是 1600 个吸盘。除了在野外被捕获的时候,它从未接触过玻璃。

克里斯塔、马里恩、安娜、威尔逊、比尔、斯科特还有我,所有人一起入迷地看着这只年轻、聪慧、充满活力的章鱼。它终于有机会做我们这几个月来一直希望它做的事:探索一个更加复杂有趣的环境,而不是被困在昏暗的水桶里。这个新的水箱不仅比它原来的地方更大,而且底部铺着碎石和细沙,有新的平面可以慢慢品味,还可以透过三面玻璃看到外面有趣的风景。换了其他的动物,可能会害怕全新的环境,但迦梨迫不及待地要探索这更广阔的世界。它在我们的眼前舒展开来,我们从没见过它铺得这么开。"它好大呀!"

马里恩说。它伸长腕足，展开腕间膜，就像一块泡开了的海绵。它在水箱里到处游，有意识地到处看，挥舞着腕足，什么都想碰一碰，就像第一次看见下雪的小狗，又像终于被解放的笼中鸟。"它好开心呀！"克里斯塔喊道。"是的，特别快乐。"威尔逊温柔地说道。

我也特别开心，为迦梨感到开心，也为所有人感到开心。克里斯塔有了新工作；威尔逊在如此艰难的时期也需要一些快乐的时刻；安娜的药最近换成了减缓神经性震颤的药；马里恩偏头痛的症状也在逐渐好转；还有斯科特，下个月就是他一年一度去巴西的日子了……

"比尔，你开心吗？"我问道。

"当然！"比尔说。很显然，他看到迦梨现在这么自由，心里非常高兴。不过，他也直言不讳地说出了自己的担忧："把它放进来其实有很大风险，我们也不知道之后会发生什么。我们觉得这个箱子能防止章鱼逃跑，但章鱼总会有自己的办法。"

我问他，他最担心的是什么。"虽然我们有这个封闭的水箱，但它可能会把下水道的水管盖子拧开。"因为需要让水循环流动，所以这个水箱和之前的水池是连在一起的。迦梨可能会打开水管盖子，把水全部放走；也有可能把下水道堵住，这样水会淹了整层楼。

但现在，我们的心中充满了喜悦，没有太多心情去担忧未来。迦梨继续用靠后的腕足探索水箱不靠墙的三面，靠前的腕足则开始调查水箱的瓷质边缘。威尔逊给了它一条毛鳞鱼，试图吸引它的注意，迦梨迫不及待地接住了。然而，章鱼可以同时做很多件事情，不会完全分散注意力。迦梨可以一边吃东西，一边调查水箱，但我们已经看不过来了。它把身体的反面吸在前面的玻璃板上，我们可以看到它用吸盘把毛鳞鱼一点点地往嘴里送。同时，它的其他几条腕足以十分优雅的姿态伸出了水箱。安娜、克里斯塔还有我轻轻地把腕足推了回去。"腕足要放在水箱里。"安娜温柔地对它说。不过和之前在水桶里的时候不一样，迦梨现在并不执着于把腕足伸出来，所以我们很轻松就把它弄了回去。"它现在很温顺。"威尔逊说。我简直忍不住想要亲亲它的吸盘，就像亲我家狗的肉垫一样，但我最终还是忍住了。虽然我们能感同身受地分享迦梨的喜悦，但它毕竟是一只快要成年的章鱼，体形庞大，身体强壮，野性难驯。我们并不知道它会对来自人类世界的陌生举动做出什么样的反应。

可是……迦梨把脑袋探出水面，和我们对上了眼神，小心翼翼地打量我们。我们像是受到了什么感召，几乎同时伸手去摸它的头。它不但非常乐意让我们摸，而且还很享受。它的眼睛也露出水面，瞳孔还是扩大的状态，就像刚刚坠入爱河的人类。

"好了，我们让它休息吧。"威尔逊说。他急着想去检查水箱的盖子，看看它是否与储水管紧密契合，并搞清楚他以后给迦梨喂东西、和它玩儿的时候要怎么把盖子打开。比尔拿来亚克力板。在我们把迦梨攀在水箱边缘的最后一条腕足也推了回去之后，他把亚克力板盖在了水箱上，用四个大力夹固定住，还在四角各压了9千克的潜水配重物。迦梨立刻游上水面，用大概50个吸盘吸住了它的新"房顶"。它的身体完全暴露在空气中，仅凭直径几厘米的吸盘吊着整个身体，仿佛一个人用嘴唇吸着天花板，挂在上面。我很好奇它在身体变干之前能这样坚持多久。斯科特让我放心："黏液就是为

章鱼的灵魂 | 走进章鱼的奇妙意识世界

这种时候准备的。它会在身体受伤之前放手，回到水里的。你忘记它有多聪明了吗？"

比尔在检查水箱盖子。"其他水箱新装的盖子都没出过什么状况。"他说，"要关住章鱼……可能也行吧……"但是威尔逊够不到最里面的大力夹。"我们还需要进一步调整这个水箱。"比尔说。也许可以给盖子里面的部分加个铰链？或者，威尔逊提出，可以把盖子分成两个不同的部分，后面固定住，前面设计成可以随时打开的结构。

比尔表示会认真考虑这些建议。"我想要一个一劳永逸的解决方案，"比尔说，"以防之后再发生这种同时要养两只章鱼的情况。"我能感觉到比尔这几个月的压力很大。因为一些出乎意料和无法控制的情况，他不得不把一只他无比喜爱、年轻聪明的章鱼困在黑暗狭小的空间里。他说："从五月份开始，我再也不愿意看到别的章鱼被关在桶里了。"

我们又看了迦梨几分钟，分享着它的喜悦。"我有一种暖洋洋、毛茸茸的感觉。这种感觉对我来说太难得了。"安娜说。患有阿斯伯格综合征的人在感情上会比较冷漠疏离，很少有情绪爆发的时候。"你从一只冷冰冰、黏糊糊的生物身上，获得了一种暖洋洋、毛茸茸的感觉。"我总结道。我想，这说明安娜有一颗美丽的心灵，也是迦梨魅力的有力证明。

★★★

午餐时间,大家聊着最近的情况。克里斯塔的新工作怎么样了?新来的豹纹鲨有没有咬人? 没有,但是一条短刺鲀咬了克里斯塔的手指。"它会跟着你,伺机下口。被这种鱼咬一口的感觉就像是被夹子狠狠夹了一下。"马里恩回想起一条对食物要求非常苛刻的雀鳝,它只肯吃形状又小又直的银边鱼,不符合要求的鱼会被它叼走,丢给鳐鱼。威尔逊也讲了一个故事:以前他们把一条只有46厘米长的小鲨鱼放进一条大石斑鱼的水箱,石斑鱼立刻把小鲨鱼整个儿吞进了嘴里,然后又原封不动地吐了出来。"但是后来,"威尔逊说,"那条鲨鱼说什么也不敢游出来了。我们只能把它安置在安全网后面,用一根棍子给它喂鱼。"

马上快要到玛雅历法的最后一天了。我们开玩笑说,地球的两极在这一天会互换。鲨鱼能感觉到地球磁场,因此也会受到影响。"到时候会不会所有的大白鲨都聚集到玛莎葡萄园岛 ① 觅食? "斯科特说。

提到了鲨鱼,就会想到咬人,于是我们再次试图给所有咬过安娜的动物分类。安娜列举了一下这些动物:章鱼、食人鱼、鹅……有一匹骆驼还咬过她的头发。斯科特建议,我们顺着字母表捋一遍,看看咬过安娜的动物能不能凑齐二十六个字母。于是我们反过来,从 Z 开始数。有斑马(Zebra)吗? 没有。"不过一家小型动

---

① 美国马萨诸塞州外海岛屿,是著名的度假胜地。

物园的瘤牛（Zebu）咬过我。"安娜说，"那个算吗？"我们认为应该算上。"那 Y 呢，牦牛（Yak）有吗？"有，安娜在一家农场喂过牦牛，它不小心咬到了她。有什么动物是以字母 X 开头的？"爪蟾（Xenopus）。"斯科特说。这是一种生活在非洲、爪子很长的蛙类动物。"对，我被爪蟾咬过。"安娜给出了肯定的答案。我们回到了 A。"A 的话，食蚁兽（Anteater）？不对，食蚁兽没有牙齿。但它可以舔她，被动物舔过算吗？"

在座的所有人都被一种动物咬过，那就是龙鱼，现在亚马孙河展区的水箱里就有两条。这种古老的肉食鱼类长着骨质的舌头。它们是强壮的猎手，会跳出水面，咬住猎物。不过，今天水族馆刚好来了新龙鱼——一种金色的亚洲龙鱼，刚从托莱多动物园运过来。我们都离开餐厅去迎接它，希望它能给乔迁新居的迦梨带来好运。在亚洲，这种龙鱼被视为好运的象征，有一些家里养鱼的人甚至会为了一条龙鱼花上 10000 美金。亚洲人称这种鱼为金龙鱼，因为它又大又闪的鳞片就像是传说中的龙鳞。有些人讲究"风水"布局，认为在家养金龙鱼，会比较利于"风水"。

虽然我们不是特别迷信，不过相信一点倒也无伤大雅，毕竟以前发生过和龙鱼有关的事故。安娜还记得具体的日期：2011 年12 月 7 日。当时一条名叫托尔的电鳗所生活的水箱需要维修，所以临时住进了非展览区里其他鱼的水箱。这个水箱里原来住着一条肺鱼和一条斯科特从小养大的雌性龙鱼。为了原住民的安全，工作人员在水箱中间加了一道 0.9 米高的隔板。一般来说，电鳗是不会跳出水面的，但是托尔跳到了水箱的另外半边，然后电死了水族馆里最贵、最长寿的两条鱼。

斯科特养育这条龙鱼已经十多年了，这本身就让人很悲伤。更悲惨的是，安娜说："托尔把龙鱼杀死了，好运也消散了。"就在那条龙鱼死后，斯科特遇上了一连串厄运。直到安娜和马里恩跟我讲，我才知道他当时遭遇了这么多不幸的事情。

龙鱼去世的那天晚上，斯科特在坐船回家时，他的父母遭遇车祸，母亲住院了。接下来，他最爱的叔叔在参观教堂的时候从楼梯上跌落，不幸去世。斯科特自己也从家里的楼梯上摔下来受伤了。他的儿子高烧住院。然后是他一年一度的巴西之旅，其中一位同行者、斯科特多年的好友也去世了。斯科特不得不怀着沉痛的心情为他处理后事，设法将他的遗体从异国送回故土。另外，斯科特得了皮肤病，他养的狗也去世了。厄运一直持续到八月，斯科特养的鸡被狐狸吃掉了大半，他索性就把为数不多活下来的鸡送人了。

新来的龙鱼的临时隔离箱被安排在一个很吉利的位置，就在离斯科特的办公室 0.3 米的地方——志愿者休息室的走廊里。看到这条新来的美丽龙鱼，我们更加高兴了。我们跟斯科特开玩笑说，现在有了金龙鱼的佑护，他肯定百毒不侵。当然，好运也会从这里蔓延开来，一直传到冷水区，保佑刚刚乔迁新居的迦梨。

今天下雪，我是坐公交来的，没有开车，所以得早点回去。我本来准备坐下午两点四十五的车回家，但我看了一眼迦梨，又有些犹豫，默默地想是不是应该留下来陪着它。或许我应该就在水族馆过夜，守着刚搬进新家的迦梨。

"今天晚上会有人看着迦梨吗？"我问斯科特。

他说，水族馆不仅有人负责守夜，而且看监控的工作人员每隔四个小时会把每片展区、非展区还有地下室全部扫视一遍，检查有没有漏水，动物有没有出事。一般来说，要是出了问题，他们就会当场处理，处理不好就会打电话请示上级。五年前的这个时候，斯科特就是这么知道水蚺凯瑟琳生孩子的消息的，当时他凌晨三点就赶到了水族馆。

所以我没有必要担心迦梨；没有必要把丈夫和狗都抛下，在这里整夜陪着迦梨；没有必要取消明天和乔迪以及另外一位朋友假期聚会的计划；没有必要为其他事情忙碌，只需准备过圣诞节就好了。这是我最喜欢的节日，就像《比芭之歌》①里写的那样，"世上万事太平"。临走之前，安娜送给我一幅她画的画，是一只椰子章鱼。安娜的神经性震颤治好了，她现在已经能画画了。我计划把这幅画放在书桌上的显眼位置，就在丹尼送的画旁边。丹尼和克里斯塔过生日那天，他在我、威尔逊、克里斯塔还有迦梨的帮助下，用电脑软件绘制了这幅画。

马里恩给我们所有人送了自己烤的圣诞饼干，我也给大家做了果仁蜜饼。今天早些时候，奥克塔维亚胃口大开，吃了两只鱿鱼。现在我们可以衷心希望它活得久些，不必担心迦梨的好运会折损它的寿命。我离开水族馆的时候，嘴里哼着三犬之夜乐队的《快乐世界》："把快乐带给蓝色大海的鱼儿……"我的心中充满了与章鱼有关的快乐，期待新一年的到来。

① 英国诗人罗伯特·勃朗宁创作的抒情诗剧《比芭走过》中的一支插曲，描述了比芭这一意大利纱厂贫穷的青年女工，在节日唱着歌走过街市的场景。

★★★

第二天上午十一点半，我看见斯科特在十点五十一分给我发的电子邮件："看到这条信息后，能不能给我打个电话？"

我打了过去。

"有一个坏消息。"斯科特对我说，"迦梨死了。"

我尝试着抽丝剥茧，弄明白究竟发生了什么。头天夜里和次日凌晨都没有什么异样。早上六点，一位机敏可靠的巡逻员最后一次检查了冷水区的情况。然后，大概七点半的时候，负责鱼类展区的副馆长迈克·凯莱赫来上班了。他像往常一样走进了冷水区，结果惊恐地发现，干枯的迦梨躺在新水箱面前的地板上。水箱的盖子和比尔走的时候一样：四个夹子完好无损，36千克的重物还压在盖子上。由于一些沟通问题，迈克以为迦梨被转移到了奥克塔维亚的水箱里，逃跑的是年老的奥克塔维亚，而不是年轻的迦梨。不过他一刻也没有耽搁，立刻打开新水箱的盖子，把地上的章鱼放进水里，然后跑去找兽医了。比尔来上班的时候在楼梯上碰见了迈克，迈克和他讲了这个突发情况。他冲到水箱面前，掀开盖子，开始给迦梨做人工呼吸。章鱼的人工呼吸，就是把外套膜打开，让海水从开口处涌进章鱼的身体。迦梨的虹吸管还在微微翕动，身体和腕足逐渐变成了深棕色。

兽医赶过来，给迦梨打了地塞米松和阿托品，希望能让它的三颗心脏重新开始跳动；也给它打了土霉素——一种强力的抗生素。那个时候，所有人都觉得能把伽梨救回来。但是打完针一个小时后，它又变成了枯黄的颜色。虽然它的肌肉还是会收缩，皮肤也会随着收缩而变暗，但迦梨已经无力回天。

午餐时间之后，克里斯塔才从斯科特那里得知这个噩耗，赶来悼念迦梨。"当时冷水区一个人也没有。"克里斯塔说。她给我打电话的时候，我们都在啜泣。"迦梨的水箱上盖了一层黑色的防水布，看上去太让人伤心了。它就毫无生气地躺在那里，但遗体是完好无损的。我蹲下来看它，没有看见它的眼睛，但是可以看到它头朝外、腕足朝里，躺在水箱底部，整个形状非常规整，就像书上画的章鱼示意图。水箱里的氧气泵还在冒着泡泡，这个场景看起来很奇怪。它的身体是乳白色，你根本想象不到它会是这种颜色。在大家心中，章鱼一般都是明红色或者棕色的吧？现在它却是这个颜色，腕足尖部也是粉白色。但即便如此，它还是很美。"

就像哀悼离世的人类朋友一样，我现在也要和所有认识迦梨的人谈论它的生平故事。"和迦梨在一起的日子里，你最喜欢的是哪一天？"我问克里斯塔。"是丹尼和它第一次见面，然后被它浇了一身水的那天。"克里斯塔说，"从那天开始，我就特别期待星期三和它再见面。丹尼要是知道这件事肯定会非常难过，我本来准备最近再带他来一次水族馆的。事情本不应该这样……"

"是的，"我说，"我也无法接受。不敢想象会出这样的事情。我们原本那么高兴……"

我们一起回忆，仿佛记忆能够把过去带到我们面前，代替不忍直视的现在。

"我总是想起威尔逊拧开水箱盖子之前我那种兴奋的感觉。"克里斯塔说，"它会从桶底游上来吗？我的脑海里还会回放它的各种现身方式，每次都是那么激动人心。我们还会抢着看谁第一个碰到它。真的很庆幸我给迦梨的吸盘在我手臂上留下的吻痕拍了照片……"

我又给安娜打电话。

"真的太意外了。"我说，"昨天还好好的！"

"如果说一些事让我明白了什么的话。"安娜对我说，"那就是现在发生的事不会影响过去。"迦梨已经离开了，我们不能改变这一事实，但是它的死不会抹消过去我们在一起的快乐时光。安娜失去过最好的朋友，她们从小在一起，分享成功的喜悦，走过美好的青春，所以她才最清楚。"过去，"安娜安慰我，"永远是完美的。"

★★★

那个星期四，我根本无心顾及别的事，大部分时间都在打电话。我没有按计划和朋友们聚会，她们也表示理解。

"不是所有人都能理解拥有一个章鱼朋友意味着什么。"安娜对我说。她想象了一下和同学之间可能发生的对话。"我的朋友去世了，它叫迦梨。""什么？她是印度人吗？""不，它来自不列颠哥伦比亚，具体说应该是来自太平洋。它是一只章鱼。"

我给比尔打电话，他没接。我留下悼念的留言，他也没有回我。当然，我完全能理解。然后，我又给威尔逊打电话，不光是为了向朋友寻求安慰，也是为了征求他作为工程师对这件事的看法。迦梨到底是怎么跑出来的？

"只有两种可能。"威尔逊说，"要么它把盖子顶起来了——我之前见过别的章鱼顶开很重的盖子逃跑，要么它是从洞里钻出来的。"不过这个水箱的盖子非常重，比奥克塔维亚水箱的盖子还重。他补充道："而且，现在这个盖子还好好盖着。"那就有可能是第二种情况。水箱的盖子上必须留一个孔给管子，把新鲜的海水引进水箱里。要是管子没把孔完全堵住，无论多细微的缝隙都能成为迦梨的逃跑出口。

　　"这不是任何人的错。"威尔逊强调，"比尔已经尽力了。我们花了好几年不断改进，才让奥克塔维亚现在住的那个水箱接近万无一失。虽然我也很伤心，但只能说迦梨在新水箱里出现这样的情况，我并不意外。我会和比尔谈谈，看下一步怎么办。当时冒险把迦梨移到新水箱，也是没有办法的办法。"

　　迦梨能活这么久已经非常幸运了。大多数章鱼刚出生就死了。10万只刚孵化出来的小章鱼中，只有2只能活到性成熟，要不然大海里就全是章鱼了。"至少迦梨的最后一天过得很开心。"我说。"没错，"威尔逊附和道，"最后一天它是自由的。并且，它逃跑这件事本身也说明，一只充满好奇心和智慧的动物会追求自由。毕竟，逃跑可不是一件容易的事情，不聪明的动物根本不会做这种事。"

　　"它作为一位伟大的探险家结束了自己的生命。"我说。就像在"挑战者"号飞船爆炸中牺牲的航天员，以及那些为了寻找尼罗河源头、穿越亚马孙雨林、抵达南北两极而殒命的探险家，迦梨也为了拓宽自己世界的边界而勇敢地选择了面对未知的危险。

"章鱼有自己独特的智慧，可能我们永远也无法与之并肩。"威尔逊说，"希望我们能从这件事中吸取教训，不过我们已经尽力了。毕竟，我们也只是凡人罢了。"

第七章

羯磨

选择，命运，爱

去年夏天，比尔去佛蒙特州参加了一场"泥浆跑"障碍赛，比赛带有为负伤士兵筹集善款的公益性质。整个赛道长达 19 千米，参赛者要经历泥浆、野火、冰水、电网的重重考验，翻越高达 3.7 米的障碍物。参加完比赛的第二天，比尔凌晨三点就从床上爬起来，开车回水族馆工作了。可是，就连那天早上，比尔的状态看起来都比现在要好——现在是迦梨死后的第一个星期三。比尔一脸憔悴地从冷水区的楼梯走下来，看见我站在奥克塔维亚的水箱前面。

我们紧紧地拥抱，很久都没有放手。我没有一开始就说起迦梨，而是先和比尔谈了谈他负责的其他动物。首先是离奥克塔维亚几个水箱之隔的三条圆鳍鱼，其中一条之前是灰色的，现在变成了橙色。"它是雄鱼，变成橙色是因为它进入了繁殖期。"比尔欣慰地告诉我。他把那条圆鳍鱼指给我看，为我翻译鱼的语言："你看，它正在给雌鱼看它选的筑巢地点，希望可以通过这个给它们留下好印象。"这条雄性圆鳍鱼在水箱角落的石头旁边找了一个适合产卵的地方，正在炫耀这块宝地，小心地把石头上的海藻和碎屑吹走。它又朝着一只海胆吐水，这只海胆挪动藏在棘刺之间的管足慢慢离开了。海胆的尖刺可能会伤到圆鳍鱼卵，不过目前这块地方并没有鱼卵。水箱里的两条雌性圆鳍鱼并不在繁殖期，对雄鱼的殷勤无动于衷。但是，比尔对未来的情况很乐观。两年前，他养的圆鳍鱼生了八条小鱼。"鱼宝宝是世界上最可爱的生物！"比尔宣布。每当他靠在水箱边上，他养的这几条小鱼就会朝他游过来，抬头睁着圆滚滚的眼睛看着他，脸颊鼓鼓的。因为这些小鱼总是张着嘴，所以脸上一直呈现出一副震惊的表情。

我们在比尔负责的展区，走过一个个水箱，对每个水箱里的动物都发表一番感叹。过去的九年间，他每天都要照顾这里的每只动物。直到现在，他看着这些生灵，还是会觉得心潮澎湃。我们走到了伊斯特波特湾展区。"看，这是我的筐蛇尾。"他指着水箱，"非常不可思议的动物，太美了。"眼前这个直径约 13 厘米的生物说是动物，不如说更像晶质矿物。筐蛇尾有一个中央盘，就像雏菊的花盘一样，不过上面长着五对放射状的辐盾。从中央盘上伸出来五条较粗的腕，每条都分成了相同的两条小腕。这些小腕又分出了纤细、盘绕的分支，比雪花的结构还要精巧。

　　向左走几步，我们来到了缅因湾大石礁展区。这是一个约 15000 升的水箱，里面有 1400 只动物，比如 400 只红色海葵、200 只海参、250 条鹬长吻鱼，以及长得像鲨鱼一样的银鲛——这种神秘、纤细、古老的动物拥有超凡脱俗的优雅，兼有软骨鱼类和硬骨鱼类的特征，既像天使，又像幽灵。比尔告诉我，他从 2007 年开始照顾这条银鲛，当时它已经成年了。"它特别美。"比尔说，"我很喜欢它游动的姿态。"

　　比尔深爱着他照顾的这些动物，他的爱意就如同银鲛背上竖起来的鳍一样招摇。这样一个感情细腻、充满爱心的男人，失去了他最爱的动物。伽梨是比尔养的所有动物中最聪明外向的，却死在了茁壮成长、充满希望的年纪。更让人难过的是，比尔觉得迦梨的死自己难辞其咎。这一切都太残酷了，让我不禁想起《哈姆雷特》的那场戏中戏，被谋杀的国王这样说道："意志命运往往背道而驰，决心到最后会全部推倒。"想到这里，比尔感受到的那种悲伤也席卷了我的心头。

这时，威尔逊来了，带来了迦梨的尸检报告。迦梨死后一个小时，水族馆的工作人员就对它的尸体做了检查，发现它的眼睛、腕足、墨囊、结肠、嗉囊、食道，以及还未发育成熟的雌性生殖器官都是完整的，胃里甚至还残留着我们前一天喂给它的那条毛鳞鱼的鱼刺。它体形很大，而且还在不断成长，最长的一条腕足伸展开有1.3米长，头和外套膜加起来有 0.3 米长。一切都是那么地完美，可惜它已经死了。

它到底是怎么出来的? 盖子上确实有条缝，就在水管后面。但是比尔早就发现了这条缝，在上面盖了一个塑料罩子，还用一块摸上去刺刺的布把缝隙堵了起来，章鱼不喜欢这种刺刺的感觉。但迦梨没有被这些障碍拦住。作为一只重达 9.5 千克、臂展将近 3 米的大章鱼，它硬是从一个 6.4 厘米 ×2.5 厘米的小孔里钻了出来。

我们找到了迦梨的逃跑出口，但还有一个疑问没有解答 : 迦梨的死因是缺水，因为章鱼不能在陆地上待太久。北太平洋巨型章鱼最多能在陆地上待十五分钟，再久就会造成永久性的脑损伤。但是，迦梨的四面八方都有水源，甚至腕足一伸就能够到它水箱的溢流盘，里面的水也是为它准备的，温度和成分都非常完美。其他章鱼逃跑一般是为了去隔壁水箱吃掉邻居，迦梨为什么没有找一个水箱爬进去呢?

冷水区的一些工作人员提出了一个可以解释迦梨之死的猜想，虽然并非所有人都认同。这个猜想认为，迦梨可能是爬进过水箱旁边的消毒垫。大多数水族馆都会在非展览区的入口处放上这种垫子，上面喷过一种淡粉色的消毒液，可以杀灭人鞋底的病毒、细菌和霉菌，保护非展览区的动物不受感染。不过，这种消毒液是有腐蚀性的，同时会刺激眼睛、皮肤和黏膜，而章鱼的皮肤正是一层巨大、敏感的黏膜。斯坦哈特水族馆副馆长 J. 查尔斯·戴尔比克将头足类动物的皮肤比作哺乳动物的内脏："一定量的化学物质、营养物质和污染物等，可能对其他动物是无害的，但对头足类动物就是有毒的。"可能迦梨碰到了消毒液，并且因此中毒了。

如果是这样的话，那整件事情显得既讽刺又悲伤：爱迦梨的人努力给了它更好的生活环境，但这也给了它逃跑的机会；他们想办法让所有动物远离危险和疾病，但布置的消毒设备却反过来要了迦梨的命。

迦梨的死讯就像章鱼的墨汁一般在水中散开，很快传到了所有人的耳朵里。"你肯定是在和我开玩笑吧！"克里斯塔在爸爸妈妈家里把这个消息告诉丹尼时，他根本不愿意相信。一开始他觉得很疑惑：死的应该是年老的奥克塔维亚，而不是迦梨吧？然后克里斯塔给他讲述了事情的来龙去脉，告诉他迦梨挤出新水箱盖子上的小孔逃走了。丹尼失神地说道："它们很聪明，可以伪装，是我们的朋友……"然后便一言不发。克里斯塔问丹尼需不需要一个人待一会儿。"然后他就让我出去了，一般他不会这样的。"她告诉我，"我当时跟他说，我们之后可以见到新的章鱼，这也很好呀。可他说，是很好，但那就不是迦梨了。它给我们带来了太多惊喜，给我们带来了那么多的朋友。"

平安夜，比尔通过邮件预定了一只新的北太平洋巨型章鱼。他答应我，新的章鱼开始运输了就立刻告诉我。

★★★

八天之后，也就是新年的第三天，我接到了电话：新章鱼第二天早上就会送达。那天是星期五，比尔休假，他拜托水族馆的另外两名工作人员戴夫·韦奇和杰基·安德森负责那天的工作。他们俩邀请我一起去联邦快递在机场的货仓，在那里接收新章鱼。

"交接过程有的时候会出点岔子。"水母专家、扎着马尾辫的漂亮姑娘杰基说。我们上了水族馆的小货车，车后面的座位为了给水族箱腾位置已经被移开了。之前，杰基被派到洛根国际机场，接收从巴哈马运过来的水母。本来这件事占用不了多少时间，她很快就能回去忙水族馆的另外一大堆事，结果航空公司把货物信息填成了国内运输，导致这箱水母没有海关申报证明。杰基那天早上八点就到了机场，然后一天都在和航空公司的人交涉。拖得越久，箱子里的水母就越危险，它们可能会感到压力很大，甚至因此死亡。终于，在下午四点，又气又累的杰基威胁说不要这箱水母了，对方才松口，因为"他们也不想让一箱死水母烂在机场"。

好歹水母是活下来了。在路上，杰基又给我讲了从日本运过来的墨鱼的故事。

以前，得克萨斯州的加尔维斯敦有一个专门繁育水族馆展览墨鱼的团队，后来飓风摧毁了他们的厂房和设备，日本就成了全世界最大的展览墨鱼出口国。不过，那边的墨鱼都是野外捕获的。

2011 年，海啸造成了福岛第一核反应堆泄漏，影响了周围的海域，从那以后大家都觉得日本海里捞上来的东西有辐射。所以，当时从日本运过来的那箱墨鱼到了洛根国际机场，海关人员也不知道应该怎么处理，就把水箱在那儿放了三天，结果这些脆弱的墨鱼全死了。现在水族馆会把墨鱼运到纽约，然后派人开车去接收，因为纽约海关比较熟悉这种不寻常的货物。

杰基把车停在了联邦快递的第一货仓外面，戴夫进去询问我们的货在哪里。装有章鱼的包裹其实就在几个货仓之遥的地方等着我们。这是一个瓦楞纸箱子，原来是装 27 寸平板彩电的。纸箱上写着"此面朝上"和"尽快送达"，但是没写"活物"。谁也想不到这里面装了一只章鱼。

二十分钟之后，我们开车回到了水族馆的装卸货码头。戴夫挣扎着把重达 61 千克的箱子搬下货车，放到斯科特带过来的推车上。我们把推车推上电梯，乘电梯上到了冷水区。纸箱子里是定制的白色泡沫桶。戴夫打开盖子，里面放着一个用报纸包着的冰袋，冰袋下面是一个用米色橡皮筋打结密封的透明塑料袋，容量大概是114 升，里面从上到下是一层纯氧、大约 38 升的水和我们的章鱼。戴夫剪开橡皮筋，我们得以窥视里面的住户。

我暗自祈祷：一定要一切顺利！

水中是一个浅橘红色的大脑袋，上面点缀着白色的斑点。

"你醒着吗？"戴夫问它。我们看见纤细的腕足尖弯了一下，又转了一下。

杰基伸着鼻子闻了闻水里的味道。"它闻起来有点紧张。"杰基宣布测评结果。袋子里的水闻起来有一股天竺葵的味道。杰基说，水母在紧张的时候也会散发出天竺葵的味道，不过其他物种可能不一样，比如紧张的海葵就会有一股又酸又咸的味道。

"这里面看起来真是一塌糊涂。"她往袋子里看了一眼。脱落的吸盘盖浮在泛黄的水上，就像水晶球里面的人造雪花。对于正在长身体的章鱼来说，吸盘盖脱落是很正常的事。要是在海里，这些碎屑以及现在沉在袋子底部的细长条状排泄物，都会随着海水漂走。

"一般来说，也没有人能在下了跨国航班之后还保持风度翩翩，"我评论道，"而且还被关在一个袋子里，和自己的排泄物待在一起。"

"我可能和它坐过同一家航空公司的飞机，体验确实不怎么样。"戴夫说。

"你好吗？"他又和这只章鱼打招呼。它的一条腕足微微动了一下。我们看不见它的眼睛，不过可以看到它的虹吸管和外套膜的开口。透过开口，可以看见呼吸时微微扇动着的鳃。很好，至少它还在喘气。

戴夫把一些脏水排到地上的排水口里。杰基拿了一个黄色的大塑料水桶，倒了一些从水池里取来的干净水。倒水的时候，这只章鱼用腕足尖部试探性地碰了一下塑料水桶。

我们也很想把这只章鱼请出袋子，但是突如其来的水温和成分变化会让它受到惊吓。杰基送了一份水的样本到实验室，检测酸碱度、盐度和氨含量。戴夫看了一下今天的气温，7.2 摄氏度，而水池里的水温是 10 摄氏度。在等检测结果的时候，我一直看着塑料袋子里的这只章鱼，发现它的右二腕足少了尖部的四分之一。这是怎么回事呢？它还记得是什么让它丢了腕足吗？或许这段记忆存储在了丢失的那部分腕足里，又或许其他腕足有这段记忆，但是大脑不知道。

现在，这只章鱼变成了深一点儿的橘红色。我还在沉思关于它记忆的问题。它刚刚出生的时候只有米粒儿大小，跟着其他浮游生物一起随波逐流，然后它奇迹般地活了下来，不断成长，最终长到了能在海底安定下来的体形。现在我面前的这只章鱼，之前几个月都生活在严峻的野生环境里，躲避各种想要把它当成盘中餐的天敌：鲨鱼、海豹、海獭、鲸鱼……它来到这个世界上不过寥寥数月，但早已历经了不可思议的冒险，越过了死里逃生的险境，完成了英雄一般的壮举。它小的时候有没有藏身于葡萄酒瓶子的经历？它有没有被鲨鱼咬掉过腕足，然后又重新长出来？它有没有和来潜水的人类一起玩儿过？有没有建过自己的"螃蟹养殖场"？它有没有逃离过渔网，探索过沉船废墟？它的经历又是怎样塑造了它的性格呢？

我盯着水面，不禁发问：你到底是一只什么样的章鱼？

★★★

我第二次见到这只章鱼的时候，我们已经掌握了更多关于"她"的信息。没错，这依然是一只雌性章鱼。比尔后来检查了它第一天一直藏着的第三腕足，发现上面从头到尾都长满了吸盘。"它既好斗又活泼。"比尔告诉我。它目前的体重是四五千克的样子，比迦梨刚来的时候还要重一点。它现在应该有九到十个月大。

负责运输章鱼的肯多年前也送来了比尔挚爱的乔治，不过奥克塔维亚和迦梨的运输是另外的人负责的。

"捉章鱼是一件很不容易的事。"我给肯打电话的时候他告诉我，"它们神出鬼没，很不好抓，而且抓的时候还要挑适合水族馆展出的章鱼。十几千克的章鱼肯定不行，要把它们留在野外繁衍后代。有的太小了，也不能抓。"另外还有一个问题，这个季节的章鱼大多数都会少一到四条腕足，因为现在正好是蛇鳕的繁殖季节。这是一种能长到 36 千克、有 18 只锋利牙齿的凶猛捕食者。繁殖期的蛇鳕会找到章鱼的洞穴，对章鱼又扯又咬，把它们赶出来，然后把洞穴据为己有。我们的章鱼可能就是因为这个才少了一部分腕足。

肯在最初的几次潜水中没有找到合适的章鱼，有时甚至都遇不到它们。"有的时候一无所获，只能空着手回来。"他说道。但是，他下定了决心一定要捉到章鱼。经历了六次潜水，他才终于找到适合新英格兰水族馆展出的这只章鱼。

肯是在水下 23 米深的地方发现这只章鱼的。当时，它正躲在一堆石头里面，只露出了一点儿吸盘。肯轻轻碰了它一下，它就从石头缝里蹦了出来，正好撞上了肯拿着的尼龙网。

"这种网特别柔软，就算是迎面撞上去也根本感觉不到它的存在。"肯告诉我，"要小心地、温柔地对待这些动物，不能直接就把它带到水面上去，要不然它会吓坏的。"水下 23 米的水温要比海面低 8 摄氏度还不止，所以肯把这只章鱼从尼龙网里转移到了封闭的容器里，装了 190 升左右的水，然后慢慢地浮到海面上。这只章鱼全程都没有挣扎，也没有喷墨汁。

来到这里之前的六个星期，它都住在一个 1.5 米 ×1.5 米 ×1.2 米的水箱里，里面放了石头和弯弯曲曲的管子，让它可以随意躲藏。前三个星期还没过去，它已经学会了在肯拿着食物拍打水面的时候主动游过来。它最喜欢的食物是鲑鱼头和螃蟹。肯给它喂食的时间和食物的量都不固定，因为在野外也是这样的。某一天它可能只吃到了一只对虾，过了两天可能就是一顿有两只大螃蟹的大餐。"它的体重增加得很快。"肯告诉我。肯抓住它时，估算了一下它的重量，大概是 3 千克，现在他觉得可能有 4 千克了。

那在准备把章鱼运到水族馆的时候，肯又是怎么把它引到塑料袋子里的呢？"你得说服它，它才会进袋子。"肯告诉我，"它这么聪明，又有八条腕足，强硬手段是行不通的。转移一只章鱼也不是什么简单轻松的工作。"肯把水箱里的水放掉一些，这样捞它会简单点。但是，他还是花了一个小时，才让章鱼心甘情愿地进了塑料袋。

肯在不列颠哥伦比亚省的基地里还有另外三只章鱼，都已经找好了买家。有一只要等水族馆修好章鱼水箱才能送过去，还有一只要等检疫隔离的相关问题处理好了再送。有的时候，肯要等到天气条件合适的时候再运输章鱼。要是机场因为大雾和大雪关闭了，章鱼的水箱就会在路上耽搁一段时间，这种情况下肯就不会把章鱼送出去。

肯很高兴能听我给他讲这只章鱼来到水族馆之后的情况。"能了解它的近况我也很开心。"他告诉我，"我很喜欢这些章鱼。"他把野外的章鱼抓起来，又送到水族馆关起来。做这些事的时候，他心里是什么样的感觉呢？肯并不后悔他所做的这一切。"它们就像是来自野外的大使。"肯说，"要是人类对章鱼一无所知，我们就无法保护野生章鱼了，所以我很高兴能够看到一些章鱼被正规机构接收。它们会在很多人的爱护下长大，把最好的状态展现给公众。送到你们那儿的这只章鱼会度过快乐的一生，寿命也会比在野外更长。"

我把和肯的这番交流内容告诉了比尔和威尔逊。我们三个正在一起弯腰看着水桶里的新章鱼。一开始，它的皮肤呈现出黑巧克力一样的颜色，然后变成了红色，夹杂着粉色和棕色。最后这些颜色全都慢慢褪去，它的身体变成了斑驳的浅黄色，皮肤上隆起的部分则是像雪一样的白色。"你觉得它怎么样？"我问威尔逊。

"我觉得……它非常有魅力！"威尔逊回答说，"它身上有一种东西非常吸引我。这种感觉叫什么来着？"我心直口快的工程师朋友用一种非常浪漫的方式来描绘自己的感觉。"它身上有一种特别的魅力。"威尔逊用一种着迷的语气说道。

威尔逊现在给我的感觉就是，他对这只章鱼一见钟情了。他第一次见到他妻子的时候也是这样吗？"那就是另外一回事了！"威尔逊笑道。

不过威尔逊确实非常入迷。"你看这个颜色，这个花纹……"威尔逊对颜色非常敏感，这个天赋也让他在做立方氧化锆生意的时候如鱼得水。他都不需要珠宝放大镜，仅凭肉眼就能分辨出钻石和立方氧化锆。和我相比，威尔逊能在这只章鱼身上发现更多的美丽之处。

不过也有可能是我刻意让自己不去感受这只章鱼的美。失去迦梨之后，我怕是很难这么快就对另外一只章鱼敞开心扉。我们的迦梨那么活泼有趣，既任性又深情。虽然做比较不好，但我真的能忍住不把新来的这只章鱼和迦梨进行一番比较吗?

　　不过威尔逊显然没有我这样的问题。"它真漂亮啊!"威尔逊还在感叹。确实，它是一只很美丽的章鱼，健康强壮，绚丽夺目。

　　克里斯塔也很喜欢它。新章鱼到达水族馆的第一天，克里斯塔就发现，它的额头上也有一个白色的点。"和迦梨一样!"克里斯塔那天说，"我觉得这是一个好兆头!"

　　新章鱼来了之后，工作人员和志愿者们就一直在讨论要给它取什么名字。比尔手下的志愿者会用包着红布的手电筒把章鱼指给观众看，所以他们支持"罗克珊"这个名字，来源是知名歌曲《罗克珊》中一个名叫罗克珊的女子。不过，比尔最终选了另外一个名字——羯磨。

　　为什么呢?"因为，"比尔解释道，"我给迦梨搬了家，结果它死了，我不得不再买一只章鱼。这算是一种因果吧。"

　　西方文化一般会把"羯磨"这个概念理解为命运和因果。比尔给它起了这样一个名字，在我们看来，他好像还是没有走出那场阴差阳错的悲剧。在伊丽莎白时代，大多数欧洲人都相信，人的命运皆有定数，恒星与行星的位置决定了人间的一切。现在仍有人相信这一套理论。不过，"羯磨"这个概念不仅仅代表命运，它还有更加深层次、更能给人希望的含义——它能让人生出智慧和悲悯。

＊＊＊

　　一周之后，那条雄性圆鳍鱼还在求偶。一只橙色的龙虾跑到了它选定的巢穴上面，它立马猛冲过去把龙虾赶跑了。不过，那两条雌鱼对它选的巢穴还是没有表现出一丝兴趣。它们从它身边经过也不会看它一眼，瞪着眼睛的样子像两艘小小的飞艇，又像一脸惊讶的婴儿。比尔很同情这条雄性圆鳍鱼的遭遇，不过他在想是不是应该再放一条雄鱼，说不定能让雌鱼进入发情期。

　　与此同时，淡水区一只名叫"杀手"的锦龟发情了，然而它爱上的并不是另外一只锦龟，而是一只驼背太阳鱼。杀手把水箱里其他的鱼当成阻挡它追爱的敌人，攻击每一条路过的鱼，咬它们的鱼鳍。就在助理饲养员安德鲁·墨菲给游客讲述这段故事的时候，杀手游到水箱底部，在众目睽睽之下杀掉了两条鲥鱼。

　　水族馆委托了马萨诸塞州和加利福尼亚州的两个工作室，制作放在巨型海洋水箱里的人造珊瑚。就在制作新珊瑚的过程中，原来住在珊瑚里的那些鱼在企鹅展区的临时住所里发生了争执。一条猪鱼和一条蝴蝶鱼的尾巴和鳍都缺了几块，被隔离治疗了。到底是谁干的？克里斯塔告诉我，工作人员都在打赌，不是那条名叫巴里的梭鱼，就是那条名叫托马斯的深灰色海鳝（还有一条名叫波利的亮绿色海鳝，不过它性格温和，所以没有被列入嫌疑鱼的行列）。一旦确定了嫌疑鱼，工作人员就会把它的行动限制在企鹅展区的特定区域内。

　　动物们做出这些行为都是出于什么样的原因呢？为什么选择了

这条鱼当配偶，而不是其他的鱼？为什么要打这场架？为什么选了这个地方当巢穴？这些行为是随机的，还是基于过去的实践？抑或是对于外界刺激的机械性反应？还是本能？动物，或者说人类，到底有没有自由意志？

当然，自由意志是否存在，一直是最富有争议的哲学问题之一。如果自由意志真的存在，那么过往的研究表明，它并不只属于人类。

柏林自由大学的研究员比约恩·布伦布斯表示："即使是最低等的动物，也并不像我们之前一直想象的那样，只会进行机械化、可预测的活动，就连只有十万个神经元的果蝇也不例外。"如果这些小虫子只会对外界的刺激做出机械的反应，那么它们在完全没有任何特征的房间里，只会进行随机的移动。于是，他给这些虫子装上小小的铜制钩子，然后把它们放到纯白色的房间里。结果表明，它们的移动轨迹并非全无规律可循。而且，这些轨迹符合莱维分布①，这样的移动轨迹能够让动物更容易找到食物。信天翁、猴子、鹿觅食的时候，都会采用这种方法。因此，果蝇的移动轨迹是合理选择的结果，并非随便乱飞。科学家还发现，人类的行为，比如寄信、发邮件，甚至花钱，也都遵循着类似的规律。另外，布伦布斯还在杰克逊·波洛克②的画中发现了同样的分布规律。

果蝇在做选择时甚至还体现出了个体的差异。在受到惊吓时，大多数果蝇会向着光亮的方向飞，但也有例外，并且朝着光飞的果蝇表现出的急迫程度也各不相同。哈佛大学的研究人员发现，果蝇

① 一种概率分布，描述了在随机移动过程中出现大跨步移动的相对高概率。
② 抽象主义绘画大师，其作品以复杂难辨、线条错乱为主要特征。

表现出的个体差异达到了令人惊讶的程度，即便是拥有一模一样基因的两只果蝇也会做出不同的选择。和我们人类一样，果蝇也会因为恐惧、喜悦、绝望等不同情绪而表现出不同的行为。另外一项研究表明，雄性果蝇在向雌性求爱被拒绝后，会灰心丧气，开始喝酒（实验室提供的含有酒精的液体食物）。被拒绝的雄性果蝇喝酒的概率要比求爱成功的果蝇高二十倍。

对于章鱼这样高等、复杂的动物来说，即使被困在小小的水桶里，面前的选项也是数不胜数。现在，每当我轻轻拍打桶里的水，羯磨就会浮上水面。我们跟它玩儿的时候，它也显得特别放松，经常变成接近纯白的颜色。它是一只活泼的章鱼，但没有迦梨那么兴高采烈。它喜欢用大吸盘吸我们的手，有的时候它留下的吻痕一整天都不会消失。不过，它不喜欢用腕足尖和我们互动，每次我们握住腕足尖，它只会任由腕足从我们的手中滑落。玩儿了二十多分钟之后，它就不太会用力吸或者拉我们了，只是轻轻地把腕足搭在我们手上。但过了一会儿，它又紧紧地抓住我们，仿佛在提醒我们：我有足够的力气把你们拉进来。我没有这么做，只是因为我想温柔一点。

某个周末，羯磨就展现出了不那么温柔的一面。那时，安德鲁正要打开水桶盖子给它喂食。盖子打开的那一瞬间，它的腕足射出来，抓住了安德鲁的手。它转动腕足，皮肤变成明红色，翻了个跟头。这时，安德鲁惊讶地注意到，羯磨露出了腕足交汇处的口器，他这才明白羯磨是想咬他。

不过，安德鲁保持了一贯的冷静。现年 25 岁的他，6 岁就开始

　　　　章鱼的灵魂 ｜ 走进章鱼的奇妙意识世界

养鱼，7 岁就开始搞鱼类繁育。有一次他鱼缸里的鱼全死了，他没有哭，而是找妈妈要了一把剪刀，剖开鱼的尸体，试图找出它们的死因。他和水生动物相处得非常好。去年，他在水族馆对面的便利店买东西的时候感觉自己癫痫快发作了，他的第一反应竟然是先回水族馆，具体来说是回到食人鱼水箱后面的那片区域，因为他觉得既然要发作，那就一定要在熟悉、安全的地方发作。此外，他还和朋友一起做热带鱼水箱设计和维修的生意。因此，被北太平洋巨型章鱼袭击时，一直和海洋生物打交道的安德鲁也只是平静地从手上揭开羯磨的吸盘，然后把它塞回了水桶里。"看来我们的关系出师不利，或者说出'足'不利？"他开玩笑说。

羯磨突然对安德鲁翻脸，这件事就和那两条雌性圆鳍鱼一直不搭理它们的追求者一样反常。那条雄鱼还是不肯放弃，天天把巢穴打扫得一尘不染，光滑的石头上一丝海藻都没有。这完全是一个可以庇护几百颗珍贵鱼卵的完美巢穴。没有海星或海胆敢靠近它精心守护的巢穴，就连龙虾都会乖乖远离这块地方。这条雄鱼在水箱上部来回游动，就像踱步的老虎。它热切地盼望着哪怕只有一条雌鱼能注意到它，赏脸光临它的宅邸。然而，它们依然对它视而不见。不过，比尔也没有放弃希望，他说或许再过两周……

可惜，我要错过这出精彩的圆鳍鱼传奇的后半部分了。下个星期四就是情人节了，我要和我丈夫一起约会旅行，横跨整个美国，去西雅图看两只章鱼交配。

★★★

11356 升带隔板的水箱顶部挂着一圈心形的红色小灯泡，水箱的玻璃外壁上也贴着亮闪闪的红色心形贴纸。一束用红色缎带绑在一起的塑料玫瑰漂浮在水面。

上午十一点，人群开始聚集。150 名六年级学生坐着校车来到了水族馆。妈妈们推着比超市购物车还大的婴儿车。人群中还有 88 名二年级学生和他们的 19 位带队老师，以及从其他学校来的、只有 5 岁的小学生。四分之三的游客都是小孩子，不过成年人也不少。一个扎着显眼的红色马尾辫、穿着黑色皮衣的男人告诉我，过去的四个情人节，他跟他女朋友都会来西雅图水族馆，观看一年一度的章鱼相亲活动。

"很怪的活动，但也挺有意思的。"美国全国广播公司下属电视台的摄影师这样评价道。他拍下来的活动片段还会在四点到六点的整点新闻里播出。章鱼相亲已经连续办了九年，是西雅图水族馆的常规活动、"章鱼周"系列活动的高潮，也是水族馆最受欢迎的活动。在冬季，一般的工作日单日客流量也就三四百人，周六周日可能有一千。而在"章鱼周"期间，一个周末就会有六千名游客光顾水族馆。

"想想这么多人跑过来看两只动物交配，其实还蛮好笑的。"西雅图水族馆首席无脊椎动物专家、31 岁的凯斯琳·凯格尔评价道。不过，她自己也挺喜欢看的。即使已经在水族馆工作了七年，她依然觉得这是每年最激动人心的时刻。"看它们交配其实就是腕足缠

　　　　　　　　　　　　章鱼的灵魂 ｜ 走进章鱼的奇妙意识世界

成一团，也分不清谁是谁。"凯斯琳在这里工作这么多年，从来没缺席过章鱼相亲活动。据她统计，相亲成功的概率大概是五成。如果没成功的话，那么两只章鱼可能相安无事，也可能互相攻击。要是真打起来，凯斯琳和另外一位潜水员就会尽量拉架，但也有可能拉不开。"它们腕足那么多，打得又那么热闹，有的时候我们也无能为力。"她无奈地说。

有一年活动结束之后，两只章鱼还待在一个水箱里，结果雌性章鱼杀掉了雄性章鱼，然后开始吃它。所幸，这一幕没有发生在游客面前。还有一次，一只章鱼把水箱隔板拆开了，相亲活动前一晚就跟隔壁的那只章鱼交配过了。所以，现在水族馆的员工用螺丝把隔板钉住了，四角也用钢绳拴住加固了。

两只章鱼各有八条腕足，共有六颗心脏在这水乳交融的时刻共同跳动。看到这里，你可能觉得章鱼的交配会像《爱经》里所描述的那般花样繁多。但其实，和其他海洋无脊椎动物比起来，章鱼在这方面可以称得上是老古板。比如，生活在日本海域浅层珊瑚礁的白边红醅多彩海蛞蝓，每只都有雌雄两套生殖器官，还能同时使用这两套器官。在交配的时候，两只海蛞蝓的阴茎会同时伸进对方的阴道。这还不算最神奇的。几分钟之后，交配完成，它们用过的阴茎的一部分会脱落。不过二十四小时后，它们的阴茎又会长完整。如此循环往复，这种海蛞蝓就可以不停地交配。

虽然也有例外，但许多章鱼通常会选择我们熟悉的以下两种方式之一进行交配：像很多哺乳动物那样，雄性爬到雌性身上；或者一只跟在另一只身边。第二种交配方式又叫远距离交配，是雄性章鱼为了避免被吃掉而进化出来的生存智慧。法属波利尼西亚有一只体形庞大的雌性大蓝章鱼和同一只雄性交配了十二次，不过在第十三次交配的时候，它的伴侣就没这么幸运了。它闷死了自己的伴侣，然后花了两天的时间躲在巢穴里，把它的尸体吃光了。远距离交配的过程把注意安全做到了极致——雄性章鱼会在离雌性有一定距离的地方，把茎化腕伸进雌性体内。有些章鱼要是住得很近，甚至能在不离开各自巢穴的情况下就完成交配。

野生章鱼不容易找，也不太好观察，因此我们对它们的恋爱生活了解甚少，它们在交往过程中也会发生很多我们意想不到的事。雄性章鱼为了争夺雌性，会用非常卑鄙的手段互相攻击，比如它们会把对手的茎化腕尖咬下来吃掉。2008 年，加州蒙特雷湾水族馆的研究员克里希·胡法德发现，一种来自印度尼西亚海域的章鱼有着非常复杂的交配方式：雄性章鱼会守着自己选中的雌性，但其他雄性还是会时不时地钻空子和这只雌性章鱼偷情。2013 年，研究人员还发现，一种美丽的太平洋巨型条纹章鱼会成群居住，一个聚落最多会有四十只章鱼。一对雄性和雌性会住在同一个洞穴里，交配的时候把口器对在一起，并且雌性的一生中还会多次产卵。

凯斯琳觉得今年的章鱼相亲成功概率很高。今年参加相亲的雄性章鱼叫雨雨，雌性叫喷喷。雨雨重达 29.5 千克，凯斯琳说它"是个马屁精，性格也很随和"。它原来就生活在水族馆旁边的海里，去年五月份被抓到了水族馆，来了之后长得特别快。一位志愿者见证了雨雨的成长，现在它的体形已经比刚来的时候大了一倍。这位志愿者告诉我："你能明显看出来，它每周都长大了一点。"雨雨是

章鱼的灵魂 | 走进章鱼的奇妙意识世界

个帅小伙儿，皮肤是非常健康的红色。它的吸盘贴在玻璃上，最大的吸盘直径将近6.4厘米，足以提起超过11千克的重物。它原来特别爱玩儿海獭常玩的那种捏捏球，不过现在没那么喜欢了，已经长成大小伙子的雨雨可能觉得这些玩具太幼稚了。过去的两个星期里，它已经在水箱里留下了两个精包。章鱼的精包看上去像是条条分明的一群虫子，大概有0.9米长。有一家水族馆的饲养员在看到雄性章鱼的精包时，甚至以为是寄生虫。分泌精包说明雨雨已经达到了性成熟的阶段，即将进入壮年，但同时也意味着它短暂的生命快要结束了。

雌性章鱼喷喷的体形比雨雨小，体重大约为20.4千克。它比较容易害羞，第一次在新水箱展出的时候还给自己造了一个窝，而其他章鱼一般不会这么做。工作人员给它起名"喷喷"，是因为它确实经常喷水，不过一般不是喷人，而是喷水箱的内壁。它还喜欢开罐子，特别是在夜深人静的时候。

在相亲活动正式开始之前，两位嘉宾已经隔着水箱中间的隔板相处了一段时间。它们会通过隔板上的孔，用自己的吸盘吮吸对方的吸盘。

相亲活动会在中午十二点开始，我在十一点半就占到了视野极佳的位置。从上面往下看，整个水箱是一个有点扭曲、侧着放的"8"字形，上面小下面大。水箱的两个部分之间有一个清晰的通道，通道中间放着一个带孔的透明亚克力隔板。"8"字形的两端各放着一堆岩石，让章鱼有地方可以躲。海星和海螺在水底慢慢爬行，几条欧氏六线鱼和两种翼平鲉焦虑地游来游去。时不时有鱼被吃掉，消失在水箱中。

刚开始，雨雨躲在水箱顶部的角落。然后，它的身体变红，开始到处游动。游了一会儿，它又回到原来的角落里，原本红色的皮肤变出了灰色斑点的图案。"要是我游泳的时候遇到这样的章鱼，肯定会吓得动弹不得！"一个十几岁的穿着皮夹克的男孩搂着女朋友说。水箱小一点的那侧，喷喷则显得更加活跃。它的皮肤呈现出漂亮的深橘色，上面还有很多突起。

十一点三十五分，水族馆的广播系统开始放歌，贝瑞·怀特低沉性感的嗓音回荡在每个角落："宝贝，你的爱怎样都不嫌多。"凯斯琳穿着红色的潜水衣，在水箱边放了一个折叠梯子。她和同事凯蒂·梅茨马上就要把固定隔板的螺丝和钢绳拆掉，拿走隔板，把喷喷赶到通道的另一边。

"欢迎大家今天来参观章鱼相亲活动。"广播里传来女主持人罗伯塔的声音，"如果你想在靠近水箱的前几排观看，那么请席地而坐。如果想要站着观看，请站在已经坐下的观众后面。"

"同学们，盘腿坐下。"一位带队老师对着二年级的孩子们说。我身后，水箱旁边的游客已经里里外外绕了十二圈。

"我们这里的章鱼非常难以捉摸，"广播里的主持人继续说道，"我也不知道它们会跑到水箱的哪个角落。如果大家找不到它们了，可以看大屏幕上的实时转播，屏幕就在白色桌子后面。活动期间，就算暂时看不到章鱼，也请不要站起来走动，请留在原地静观其变。十分钟后，活动正式开始！"

现场所有小朋友都兴奋地尖叫了起来。

广播里的音乐声逐渐盖过主持人的声音。现在放的是罗伯塔·弗拉克的歌："宝贝，我爱你！"为了消磨时间，一位老师带领孩子们跟着音乐的节奏摆动身体。她像乐团里的指挥家一样，一边示意一边说："挥挥手！"

离十二点活动开始还有五分钟。主持人罗伯塔站在水箱大一点的那侧、雨雨的旁边，对着观众说："祝大家情人节快乐！我来给大家介绍一下今天参加相亲活动的章鱼！这位是我们的男嘉宾雨雨，它是一只成年雄性章鱼。"她说着，手指向水箱顶部角落那一团灰色的吸盘："水箱小一点的那侧，是我们的女嘉宾喷喷。这是它们第一次正式和对方见面。章鱼喜欢独居，一辈子基本不会和同类来往。"

这时，凯斯琳和凯蒂进入水箱，开始拧掉固定隔板的螺丝。不过，大部分游客都围在雨雨的大水箱那边，所以看不见她们。"现场有多少朋友之前自己相亲过？"罗伯塔开始和观众互动，"相亲就是这样，有的时候能成，有的时候成不了。让我们拭目以待吧！"

趁着潜水员在拆隔板的时候，罗伯塔向观众介绍了关于章鱼的一些知识，比如它们的体形、寿命、生长速度。"我们的潜水员会鼓励喷喷主动出击，去见一见雨雨先生。"罗伯塔说道。

然后，我们看见喷喷朝着这边游过来，身体因为兴奋变成了明亮的红色。它爬过水底的沙子，径直走向雨雨。雨雨的皮肤由灰变红，但还是待在原地没有动。喷喷在"额头"上变出一道白色的眼线图案，向雨雨伸出了左二腕足，离它最近的一条腕足只有不到0.9米。

到了十二点十分，喷喷又向雨雨伸出了第二、第三条腕足。被喷喷碰到的那一刻，雨雨从石头上滑下来，落到水底。

"他"冲进了"她"的怀里。喷喷整个身体翻了过来，把泛着奶油白色、最为脆弱的部位暴露在雨雨面前。它们面对着面，腕足抱住对方，用上千只白花花的、敏感无比的吸盘互相品尝、拉扯、吮吸，皮肤因为兴奋而变得通红。

最后，雨雨的身体像一张网一样，完全包裹住了喷喷，仿佛是一位绅士在寒冷的夜晚，为爱人披上自己的长外套。透过水箱外壁，我们只能看见喷喷的几个吸盘。

凯斯琳和凯蒂还留在水箱里。她们从高处俯瞰这两只章鱼，就像正在撮合一对情侣的丘比特。对于生物学家来说，这是非常紧张的时刻，每次相亲其实都有一定的风险。"我们多少会觉得有些担心。"凯斯琳告诉我，"不过这些事情在自然环境下也会发生，所以无论发生什么，我们都会接受。"她跟凯蒂和这两只章鱼都有一些交情。她们很爱这两只章鱼，不希望看到它们受伤，也盼望着这次交配能够取得圆满成功。以前发生过雌性章鱼喷出墨汁然后逃离雄性章鱼的情况，所以喷喷这么主动其实是个很好的信号。

两只章鱼就这么一动不动地互相抱着。有的小学生觉得无聊就先走了，走的时候脸上还带着困惑的表情。他们都还不了解人类的性生活，章鱼的性生活就更是天方夜谭了。很多大人还留在水箱旁边继续看。两个男人站在水箱前，表情严肃。一位短头发的女士没看出来这是两只章鱼抱在一起，以为水箱里只有一只章鱼。"这是在交配吗？"她困惑地问旁边的人，"那另外一只章鱼在哪儿呢？"

两只章鱼还是没有动，不过雨雨的肤色开始变得越来越苍白。"毕竟它们也算是在约会，"我身后响起一个男人的声音，"它们肯定要有交流呀。"

"可能它们有心灵感应。"一个女人的声音回答他。

"它会不会伤到它的女朋友？"另一个女人担心地问。

"有可能。"凯蒂解释道，"这些事情是我们人类没有办法控制的。不过，我们可以看雄性章鱼的呼吸。它在深呼吸，节奏很平缓，而且雌性章鱼没有想要逃离它。这些迹象表明，目前一切都很顺利。"

"这是我见过的最悠闲、最温柔的交配。"凯斯琳说。

两只章鱼还是没有动。

到了十二点三十五分，雨雨已经变成了纯白色，这是代表满足的颜色。

"它从来没有这么白过。"一个高个子男人说道。他的遮阳帽下露出及肩的卷发。我注意到，他从我来的时候就一直在看这两只章鱼。"啊，真是太美了。"他轻声说，"它们太漂亮了。"这个男人名叫罗杰。他告诉我，在过去的一年里，他每周都要来两次水族馆，主要就是来看章鱼的。之前生活条件还不错的时候，他买过水族馆的会员。但在那之后，他的生活就一落千丈——母亲因乳腺癌去世了，家里抵押的房子被没收了。现在，他住在指南针中心，一家为无家可归者提供住处的机构。他想创作一幅 2.4 米 ×3.7 米的画送给指南针中心，正在为了这幅画给章鱼拍照取材。"我接受了很多人的善意，所以想把这幅画作为礼物回馈给帮助过我的人。"一开始他想画一头虎鲸，不过后来觉得章鱼似乎更合适——指南针指向八个方向，章鱼也有八条腕足。而且，章鱼是他在这里最喜欢的动物。"来看章鱼对我来说就像是在冥想。"他说，"活在世上很难，人会有很多情绪波动，但是和章鱼在一起，我就能获得平静。"最近他搬进了朋友的公寓，他又有家可归了。"和章鱼在一起让我的内心获得了平静，然后还遇到了被朋友收留这样的好事。"他告诉我。

　　校车载着小朋友们离开了，剩下的游客大多数都是成年人了。大家都感受到了眼前这一幕的浓情蜜意。"这不是性，"罗杰说，"这是它们生命的顶点。"人群中没有人偷笑，也没有人讲下流话。有几对情侣手牵着手走过来，站在水箱前看着这对章鱼，仿佛在教堂瞻仰壁龛里的神像，享受着这对神奇的动物带来的祝福。人们默默看着章鱼，时不时互相低语，语气带着敬畏。

　　"它好白啊。"

　　"它的皮肤上有好多突起！它好像一只毛茸茸的小羊！"

　　"它好像很开心。"

　　"没错，它看上去很满足。"

　　"它们好安详啊。"

　　"太可爱了！"

　　"它们真漂亮，太美好了。"

　　我听见站在我右边的罗杰轻声说："我爱你，雨雨。"然后，他又用近乎耳语的声音说道："我爱你，喷喷。"

★★★

之后整整三个小时，这对章鱼都没怎么动过。人们如同浮游生物一样，在水箱面前来来去去，留下的一串串话语像腕足一样拖在身后。

"章鱼所有的内脏都在那个长得像鼻子一样的外套膜里！"一位来当志愿者的博物学家给一个 5 岁小朋友解释道。

"它们的腿是从嘴里伸出来的！"另外一个小朋友惊讶地喊道。

"这对章鱼是特意选在情人节交配的吗？"一个女人问她的对象，"它们怎么知道今天是情人节的？"

到了两点十五分，西雅图水族馆的博物学家哈里安娜·奇尔斯特罗姆来到了活动现场。"章鱼把精包移动到茎化腕尖的过程，就像是人类的射精。"她告诉我，"茎化腕尖会像阴茎一样充血。"精包由位于外套膜内部的真正的阴茎分泌，然后从外套膜内部移动到虹吸管。灵活的虹吸管又会出现在茎化腕的凹槽顶端，在这里释放精包，然后精包就会顺着凹槽，一点点挤到茎化腕尖的部位。

在交配过程中，精包传递过去的那一刻，雄性章鱼的心跳会加速，雌性章鱼的呼吸也会变得急促。这就和我们人类一样，毕竟"章鱼和人类拥有一样的神经递质"。哈里安娜解释道。

而且，每只章鱼都是不同的。哈里安娜见过一只章鱼，它有一个特殊癖好：对坐轮椅的人和拄拐杖的人特别感兴趣。每当看到这样的人，它都会游到近处看个究竟。还有的章鱼很喜欢小孩子。动物园里常见的肉食动物，比如老虎，有时也会展现出这样的偏好。

动物园里的老虎通常会被残疾人吸引，可能是因为觉得这样的人更容易成为猎物。国际自然保护联盟老虎专家组主席彼得·杰克逊发现，马戏团的老虎常常在表演中途停下来，盯着他患有唐氏综合征的孩子。我和我的朋友莉兹带她的女儿斯蒂芬妮去动物园，斯蒂芬妮坐着轮椅经过老虎展区的时候，老虎的注意力立刻就会被她吸引。不过，章鱼偏好特定人群的原因一定和老虎有所不同。人类并不是章鱼的猎物。章鱼这么喜欢坐轮椅和拄拐杖的人，或许是因为金属的反光让它们想起了鱼鳞，又或许它们仅仅感到好奇，因为这些人的移动方式和一般人不同。

两点五十分，雨雨和喷喷稍微变换了一下姿势。雨雨用几个吸盘吸住喷喷的脸，仿佛在亲吻它的脸颊。整个画面既平和又温馨。

三点零七分，凯蒂说："应该快要结束了，它们在慢慢放开对方了。"现在，喷喷身体的大部分都吸在水箱壁上，吸盘之间的皮肤呈现出粉色，头部和外套膜斜倚在雨雨的腕足之间。一条欧氏六线鱼游过来，好奇地看着它们。"它胆子挺大的。"哈里安娜这样评价道。她告诉我，之前这个水箱里还住过一条狼鳗，名叫吉布森。"吉布森真的很会惹事。"他说。它在这个水箱里住了三年，经常会因为一些琐事，跑到章鱼的洞穴里跟它们打架。吉布森会把章鱼的腕足咬下来一部分，而章鱼也会反击，把它打一顿。

看了这么久一动不动的章鱼，我们都很好奇它们分开之后会有什么举动。"我要是现在去买咖啡的话，它们一定会有大动作。我敢肯定！"哈里安娜说。我们都没有离开，继续盯着水箱看。

三点五十四分，雨雨的腕间膜边缘出现了一些黑色的斑点。喷喷的脸和眼睛出现在我们的视野里。它的皮肤现在是明亮的红色，不过外套膜还是没有打开。罗伯塔爬上移动楼梯往下看，但视野还是非常一般。

四点零五分，喷喷吸在水箱壁上，慢慢向上移动。此时雨雨的皮肤是淡粉色，比喷喷浅了很多。两分钟之后，喷喷停了下来。

一对爱尔兰裔老夫妻路过章鱼水箱。"快看啊雷欧，它们在交配！"妻子用爱尔兰口音对丈夫说。她告诉我，在听到志愿者给别人讲解这一幕之前，她看着这对一动不动的章鱼，还以为是用纸板做的假章鱼呢！然后，她又中气十足地对自己的丈夫说："真是一段美妙的经历。能看到这么美好的场景，真是太感人了！"她的丈夫看起来不太有精神，张着嘴，紧紧抓住助行架，似乎并没有听懂她在说什么。然而，这位妻子依然精力充沛地与丈夫分享着她的发现，那种迫切和兴奋的感觉与新婚时别无二致。

四点三十七分，雨雨开始慢慢地移动两条腕足的尖部，身体又变白了。喷喷侧躺着，口器和周围的吸盘都吸在玻璃上，最大的吸盘有一美元硬币那么大。它的腕足伸向四面八方，像光芒四射的星星。雨雨用腕足和身体围着喷喷的头和外套膜，虹吸管开始做抽吸的动作。喷喷的一部分吸盘好像在浮动，显得它有点不耐烦。

五点零三分，喷喷开始接着往上爬，有两条腕足伸到了高处，另外一条腕足在抚摸雨雨。雨雨也伸出一条腕足搭在它身上。

五点十分，两只章鱼突然分开了，喷喷的身体也同时变成了亮橙色。它们的身体骤然舒展开，雨雨往右边快速游去，喷喷也跟去了同一个方向。它先是往上游，碰到了水面的塑料玫瑰，然后又落下，在水底停留了一会儿。一条长达 0.9 米的白色精包从它的外套膜开口处拖下来。

"它们分开啦!"哈里安娜在对讲机里面通知马上要和她换夜班的另一位生物学家。

"收到!"对面回答。

喷喷"咳嗽"了一下(章鱼所谓的"咳嗽"其实是冲洗自己的鳃，在这一过程中它们会把灰色的鳃露出来)，身体变白，接着又变红，然后两只章鱼开始在水箱里互相追逐。

两只章鱼在水里游动，就像红色的旗帜在风中招展。喷喷开始向左边游，游过石头堆，往通道那边去了。同时，雨雨向右边游，回到原来栖息的地方。这时，喷喷又"咳嗽"了一次，然后调转方向，头朝着雨雨游了过去，好像想要把它从巢穴里面赶出来。它朝着雨雨伸出两条腕足，雨雨也用两条腕足抓住了它。雨雨开始拉着喷喷一起向左游，它们的腕足又开始交缠：一条、两条、三条、四条……然后又分开了。

五点二十三分，喷喷一边游一边把整个身体展开，像降落伞一样往下飘。但还没到底，它又聚拢所有腕足，把自己推到了水箱顶部雨雨在交配开始之前待的地方。与此同时，雨雨退到了水箱更小的角落里。

"我从来没见过章鱼在交配之后还做这么多动作!"哈里安娜说。

五点二十六分，它们已经各自回到了水箱两侧，不过位置和早上是反的：喷喷现在到了水箱大的那侧，雨雨则把两条腕足伸进通道，往喷喷原来待的更小的那侧移动。

"它早上醒过来的时候还拥有一座漂亮的大房子，"站在我旁边的衣着整洁、一头银发的男人说，"然后这位女士跑过来跟它约会。结果呢？它现在沦落到了寒酸的小公寓里。我猜它肯定在想，我就不应该跟它扯上关系！"

★★★

晚上六点水族馆闭馆时，两只章鱼还是待在对方原来待的角落。夜间值班的工作人员并没有接到把隔板放回去的指示。

第二天早上，我又来到水族馆，它们俩已经回到了自己原来的位置。隔板放了回去，喷喷外套膜开口处拖出来的白色精包也消失不见了。水箱底部并没有精包的痕迹，不过它已经完成了自己的使命。在两只章鱼交配的时候，精包里70亿个精子已经进入了喷喷的输卵管。现在，精子应该已经固着在了受精囊的内壁上。在这里，精子可以存活几天、几星期，甚至几个月，直到喷喷决定让它们给自己的卵受精。

★★★

随着三月的到来，新英格兰水族馆也迎来了新的开始。巨型海洋水箱的新玻璃板还差一块就装好了。人造珊瑚已经全部做好并且安装完毕，每一块都是按照真实珊瑚的形状制成的。新的珊瑚提供了很多藏身的空间，可以容纳 1000 只动物。比尔正在巴哈马群岛考察，会带回来 400 只左右的动物，安置在新的人造珊瑚礁里。虽然现在整个水族馆还是回荡着电钻和电锯的噪声，弥漫着装修胶水的气味，但我们已经可以看见未来的雏形了。

某个中午，大家一起在自助食堂吃午饭，克里斯塔向我们描绘了她为自己和丹尼制定的未来十年的蓝图。"有一个如此与众不同的双胞胎弟弟其实挺不容易的。"她说，"我们本来应该一起闯荡这个世界，但总会有一些意外……"克里斯塔想要带弟弟一起去大学，但是这一请求在申请大学的时候遭到了拒绝，她觉得很生气，也很烦恼。现在，她的目标变成了确保能和弟弟一起生活。她的理想规划是这样的：把现在水族馆这份临时的兼职工作变成长期、全职的工作；多赚钱，在水族馆附近给丹尼和自己找个两居室的公寓；让丹尼也到水族馆工作，比如水族馆的礼品商店。克里斯塔觉得，要是能获得生物学的硕士学位，在水族馆或许就能有份更好的工作，所以她现在每周在水族馆工作四天，晚上继续去酒吧兼职，就是为了攒钱去上哈佛的继续教育学院。申请上之后，她也会一边做全职工作，一边攻读硕士学位。"这会很辛苦，"她说，"但我能坚持下来。"

马里恩的偏头痛又复发了，这几周都没有参加我们的"美妙星期三"活动。不过，有一次她突然出现，还给我们带来了好消息：她要结婚了。我们见到了她的未婚夫。他名叫戴夫·莱普策尔特，棕色短发，戴眼镜，是波士顿大学生物物理学博士后，喜欢看《星球大战》，喜欢和马里恩一起养的九只宠物鼠，还喜欢水蚰。他们还没确定婚礼日期，但已经决定要让斯科特来当他们的证婚人，因为他是马里恩十分敬重的人生导师。斯科特既不是牧师也不是法官，但面对新人的邀请还是欣然接受了。斯科特和他的妻子塔尼亚·塔拉诺夫斯基结婚的时候请了进化生物学家莱斯·考夫曼来证婚，而且他们的婚礼是在动物园里的斑马和长颈鹿的见证下举行的。

与此同时，安娜怀着不安的心情，即将迎来没有挚友陪伴的17岁生日。每个月的中旬对她来说都是特殊的时期，因为萨拉的忌日就在15号。不过上个月，情况有了一些改变。安娜照常去萨拉的墓前看她，但这一次，她终于哭了出来。"我的脑海里总是一遍又一遍地重演过去的悲伤记忆，但是现在，"她说出自己的决心，"我不要再被困在过去了。"

安娜选择和水族馆的大家一起度过意义重大的17岁的第一天。陪伴她的有羯磨和奥克塔维亚，鳗鲡和水蚬，银鲛和圆鳍鱼，斯科特和戴夫，比尔和威尔逊，克里斯塔和安德鲁，还有我。克里斯塔烤了纸杯蛋糕，上面还用糖霜做了小章鱼。我做了圆环蛋糕，还用牙签贴了一面章鱼小旗，戳在蛋糕上面。威尔逊的礼物很特别——一个巨大的海马标本，这是他多年来环游世界各地，慢慢累积的许多博物收藏品之一。他准备从他和妻子的大房子里搬出来，住进小一点的公寓，最近一直在把各种收藏品送人。我们周三聚会的时候，他经常给我们带一些贝壳、珊瑚和书籍。他还把之前在墨西哥得到的居氏鼬鲨颌骨标本捐给了水族馆。某个周末，威尔逊在安德鲁的帮助下，把他的家庭水族箱里的最后一条鱼——维多利亚湖慈鲷，连同水箱一起送到了克里斯塔那里。

威尔逊的妻子也搬家了，从安宁疗护病房搬到了辅助生活社区①。不知为何，她令人捉摸不透的病情似乎停止了恶化。根据医生现在的判断，她的病是有希望治好的。

每次和章鱼接触，我们都能看到无限的可能性。羯磨断了的那条腕足重新开始生长。它刚来的时候攻击过安德鲁，而现在它个性中好斗的部分消退了。羯磨变成了一只非常安静的章鱼，对威尔逊、比尔和我都非常温柔。它会伸出两条前腕足，轻轻地吮吸我们的手，也会把头伸出水面看着我，让我抚摸它的头。它经常变成纯白色，我们会叫它"雪宝宝"。不过，它也会变出其他美丽的颜色，特别是在看到喜欢的玩具时，变化就更丰富了。它尤其喜爱一个紫色的啃咬玩具，是从海豹那边借过来的。有一天，它从早上开门到晚上闭馆都一直抓着这个玩具不放，还根据玩具的颜色，在牛奶巧克力色的外套膜和腕足上变出了紫色的条纹。

奥克塔维亚的卵日渐萎缩，但它还是尽心尽力地照顾着这些卵。它给那只向日葵海星好好上了一课，让它安分守己地待在自己的一亩三分地，离奥克塔维亚的卵要多远有多远。

我不禁想起喷喷和雨雨。西雅图水族馆可以做到新英格兰水族馆做不到的事。西雅图水族馆濒临太平洋，展出的章鱼就是从附近的海里捞上来的，因此可以在章鱼的生命快要走到尽头时，直接把它们放归野外。相比之下，新英格兰水族馆不能把北太平洋巨型章鱼放到附近的大西洋，而如果要把奥克塔维亚送到不列颠哥伦比

---

① 主要面向老年人的居住社区，提供日常生活辅助服务，如保洁、餐饮、健康管理等，同时保持他们的生活独立性。

亚，再在那里放归太平洋，就算费用能控制在合理范围内，长途运输对于它这样的体形和年龄来说也过于危险了。

我很想看他们是怎么放归章鱼的，但我没有亲眼看过。不过，我看了网上的视频，记录了一只名叫"小伙子"的北太平洋巨型章鱼被放归野外的过程。它是不列颠哥伦比亚省悉尼镇一家水族馆的章鱼，七个月之前从附近的海域捕获。来到水族馆的时候，它的体重大概是 4 千克，和羯磨来的时候一样。到了放归的时候，它的体重已经达到了 22.7 千克。

四名潜水员和它一起来到了放归的海域，陪着它游了整整一个小时。

小伙子的皮肤是鲜艳的橙色，上面有大块突起。它用身后的两条腕足爬过泥泞的海底，身前的腕足向后弯曲，不时停下来探索，用吸盘遮住摄像机。虽然视频没拍到之后的情况，但小伙子的饲养员后来发帖说，它抓了一只螃蟹吃，并且还在找合适的巢穴。

"我们一起度过了一段非常美好的时光。"负责照顾小伙子的水族馆员工写道，"它很喜欢跟人打交道，从各方面来说都是一只非常好的章鱼。现在看到它的水箱空了，我其实有些伤心。大家都会想念你的! 再见了小伙子! "有一位网友在下面回复："和朋友告别总是会让人伤感，不过小伙子会找到自己命中注定的另一半，然后生出更多的小伙子。"

饲养员们舍不得小伙子，小伙子也很留恋水族馆的人类。就拿四位潜水员和它一起在海里待了一个小时来说，它其实是可以轻易摆脱他们的，但它选择了再陪伴人类朋友一会儿。直到氧气不够用了，潜水员们才依依不舍地告别小伙子。

"世界上最好的北太平洋巨型章鱼，"有一位潜水员在帖子中写道，"再见了。"

看着这个视频，我又想回到海洋里，去看看章鱼们在自然状态下拥有的无限可能。在即将到来的这个夏天，我就会实现这个梦想。

第八章

意识

思考，感受，认知

我落入天堂岛礁湛蓝的海水里，却发现自己正在像一块石头一样笔直下坠。

　　几分钟前，我从船舷上向后翻，落进了滚滚波涛中。这个动作是有意设计的，因为我们乘坐的"奥普诺胡"号太小了，只有6米长，潜水员没有办法进行跨步式入水。于是，自墨西哥之旅归来后的首次潜水，我成功地做出了背滚式入水的动作：背着气瓶，背向大海，坐在船的边缘；一只手固定住面罩和出气口，另一只手拿着软管放在前方；将下巴收至胸前，然后身体向后倾斜；落入水中，头比脚先入水。

　　但我感觉还不错。我浮在海面，给潜伴们打了"没问题"的手势，然后抓住船的锚索，一点点向下移动到了6米深的地方。一切都很完美……直到我放跑了浮力补偿装置里的空气，并且任它沉落。现在，我头朝下，就像肚子翻过来的海龟一样，径直沉向海底。借助这个姿势，我甚至能看到白色的船底正在离我远去，简直就像是一场噩梦。

　　还好，我的潜伴基思·埃伦伯根抓住了我的手，我这才没有继续沉下去。他是一位广受赞誉的水下摄影师，之前还当过水肺潜水教练，经验丰富的他很快就发现了我的问题。在许多国家，潜水员用的气瓶都是小巧轻便的铝制瓶，但是在法属波利尼西亚的莫雷阿岛，人们用的还是1943年法国人雅克·库斯托和埃米尔·加格南发明的最原始的水肺气瓶。这种气瓶虽然耐用，但因为是钢制的，所以比现在的气瓶重很多。我这次用的浮力补偿装置是新的，带的配重也只有14块（上次在加勒比海潜水的时候带了17块），但是对于

　章鱼的灵魂 | 走进章鱼的奇妙意识世界

块头不大还背着钢制气瓶的我来说，这次的配重还是太多了。

趁着基思扶住了我，我赶紧调整姿势。我很感谢他来帮忙，但还是觉得有些不好意思。基思家在纽约，于是我们一起从纽约出发，途径洛杉矶，飞到塔希提岛，再坐轮渡到莫雷阿岛。经历了几个月的期待和二十几个小时的漫长旅行，我们终于能够在这一刻，潜入波利尼西亚的热带珊瑚礁中寻找章鱼。结果，就在这个梦想成真的时刻，身为富布赖特项目[①]学者，平时的潜伴都是菲利浦·库斯托[②]这样的潜水界名人的基思，现在不得不像拉着雪橇上山一样，拽着我在水下移动。

我真的很想回到前一天，基思说那一天他"经历了人生中最激动人心的时刻"。

那天，基思去潜水了，我和科考队的其他成员在浅海水域浮潜，寻找合适的考察地点。科考队队长珍妮弗·马瑟没有带潜水装备，因为她也并不需要潜水。她所有关于野生章鱼的研究都是在浅海水域做的，那里不需要潜水就能找到很多章鱼。但是这次在莫雷阿岛，事情却并没有那么顺利。

这不是因为科考队成员专业水平不够。珍妮弗是章鱼智商研究领域的顶尖人物。在网上搜索关键词"章鱼智商"，你就会发现她的论文是被引用最多的。大卫·谢尔，今年 51 岁，我和他是在之前的章鱼研讨会上认识的。他花了十九年，在阿拉斯加冰冷浑浊的海

---

① 一项由美国政府推动资助的国际教育、文化和研究交流项目。
② 法国潜水员、水手、飞行员、摄影师、作家，是水肺潜水装置发明者之一雅克·库斯托的儿子。

水里研究北太平洋巨型章鱼，首次创造了用遥感技术追踪章鱼的可行方法：在章鱼的鳃上穿一个孔，装上卫星追踪器，再固定住，就像人类打耳洞戴耳环一样。来自巴西的研究员塔蒂阿娜·莱特，今年 37 岁，在詹妮弗的指导下完成了博士研究。她在巴西诺罗尼亚岛附近发现了一种新的章鱼并为其命名，目前还在给另外五种章鱼进行分类。科考之旅开始几天后，29 岁的基利·兰福德也加入了我们。她不是科学家，而是温哥华水族馆的讲解员。她特别擅长潜水和游泳，对海洋生物特别了解，观察力也很敏锐。

即便队伍里有这么多专家，我们还是在浅海水域搜寻了整整三天，都没有发现一只章鱼。

我们这次科考的研究对象是大蓝章鱼。即使按照章鱼的标准，大蓝章鱼也称得上是伪装大师。它们是日行性动物，于是为了保护自己，进化出了章鱼中数一数二的伪装能力。夏威夷大学的研究人员希瑟·伊利塔洛－沃德发现，大蓝章鱼是所有章鱼中色素细胞数量最多的之一，也是最聪明的之一。生活在夏威夷的大蓝章鱼经常会在走路的时候带着两半椰子壳充当便携式装甲，防止潜伏在沙子中的掠食者突然袭击自己的下半身。它们还可以把椰子壳翻过来盖在头上，在没有藏身之处的时候临时造一个圆顶小屋作为避难所。

基思肯定没想到，在这里的第一次潜水，竟然就能遇到一只章鱼。

我们来了之后就住在莫雷阿岛上的岛屿研究中心和环境观测站。那天，基思和潜水长弗兰克·勒鲁夫勒一起，乘着船从观测站潜水中心后面的航道出发。过了不到二十分钟，他们就找到了合适

　　章鱼的灵魂 | 走进章鱼的奇妙意识世界

的地方下锚。停船处的东边有一片珊瑚礁，在这里下潜就可以顺着珊瑚礁寻找章鱼。今年 42 岁的基思从 16 岁就开始满世界潜水，但就连经验丰富的他都从来没有亲眼见过或拍到过野生章鱼。不过，眼尖的弗兰克立马就捕捉到了两片空的扇贝壳，这说明章鱼曾经在这里捕猎。在距离贝壳几厘米的地方，他们俩发现了一个洞，里面有两个紫色的圆圈，每个圆圈的直径约为 2.5 厘米，镶嵌在白色的背景中。在圆圈的上方，他们看到了一个弧形的像王冠一样的东西——一条布满吸盘的腕足。这两个圆圈其实就是章鱼的眼睛，在巢穴中注视着他们。在章鱼逃走之前，基思拍了几张照片。

第二天，基思和弗兰克又去了同一个地方，而且刚下潜就找到了那只章鱼。这让基思非常高兴。这一次，它没有害羞躲避。它在珊瑚礁之间不到 5 平方米的区域穿梭，不断变换皮肤的颜色和图案，其间基思和弗兰克一直跟着它，它也没有躲开他们。"这个家伙好像在带我四处参观。"基思说，"它看起来很顽皮，一点儿也不怕人。"

我想起一位哲学家朋友彼得·戈弗雷-史密斯，他和来自澳大利亚的潜伴马修·劳伦斯，曾经在悉尼以南三个小时航程的一片海域发现了一座"章鱼堡"。这片章鱼聚居区位于水下 18 米的地方，每隔一到两米的距离，都住着一只悉尼章鱼，总共有十一只。这种章鱼体形较大，臂展可以达到 1.8 米以上，长着一双含情脉脉的白色眼睛，与众不同的眼神让它们获得了"忧郁章鱼"的称号。马修告诉我："有几次我们在'章鱼堡'潜水的时候，有一只章鱼抓住我的手臂，把我带到五米之外它的巢穴附近。"还有一次，一只章鱼带他绕着整个"章鱼堡"游了一圈，整个过程持续了10~12分钟。然后，这只章鱼缠在马修身上，用吸盘好奇地吮吸他。它带着客人逛了一圈自己住的地方之后，好像也想了解一下这位人类朋友。马修告诉我，他见到的这些章鱼"对人没有攻击性，而且对人非常好奇"。

马修经常去"章鱼堡"潜水，他觉得那里的章鱼肯定能认出他来。他甚至会想，章鱼们会不会期盼他的来访。他经常给它们带一些玩具，比如瓶子、可以拧开的塑料复活节彩蛋，甚至是水下摄影机。章鱼们会好奇地拆开这些东西，有的时候还会把它们拽进自己的洞穴里。

讲回基思的奇遇。在一只章鱼带着他游览过珊瑚礁之后，他们遇到了另外一只章鱼。这让基思感到非常惊讶。他有些目不暇接，不知道该拍哪只章鱼。它们同时在基思的眼前变换着颜色和姿势，让他挑花了眼，完全看不出来哪只章鱼更加上镜。

最终，基思选择先拍第一只章鱼，这时的它正在沿着岩石爬行。基思拍第一只章鱼的时候，第二只游到了更高处的石头上，腕足把身体抬高，就像人踮起脚尖一样，同时倾斜身体，探头看正在拍照的基思和另一只章鱼。"它还主动调整自己的位置，找到更好的视角来看我。"基思说，"被一只章鱼观察，这种事真是太神奇了。这么多年来都是我在水下拍摄动物，从鲨鱼、金枪鱼、海龟，到其他海洋动物，还从来没被动物这样观察过。这只章鱼看我的样子就像是人在观看模特拍摄时尚照片，又像在橄榄球比赛上看运动员。我在拍鱼的时候，鱼儿们可能也会注意到我，也会盯着我看，但它们不会像这样用观察、学习的姿态看着我。这是我一生中最不可思议的经历之一。"

也许第一只章鱼认出了基思，所以才和他走得这么近，还和他一起待了这么久。在第二次潜水时，基思和第一只章鱼一起度过了大约半个小时。也许当他们第三次见面时，它会表现得更加自在。

那么，第二只章鱼怎么样了呢？它和第一只章鱼还会一起出现吗？也许这个地方还有更多章鱼。希望我们的团队能有重大发现。

基思和我游过两条与海滩平行的深水道。在晶莹剔透的海水中，我们往各个方向看都有极好的视野。在我们脚下，遍地的瓦砾诉说着这里遭受的破坏和历经的重生。20 世纪 80 年代之前，这里的珊瑚礁基本保持着未受破坏的原始状态。之后的 1980 年到 1981 年间，啃食珊瑚礁的海星爆发式繁殖。1982 年，飓风和旋风自 1906 年以来首次袭击了莫雷阿岛。1991 年，这样的事件再次上演。暴雨引发的径流冲断了枝状珊瑚，也破坏了其他珊瑚。不过现在，新的珊瑚已经长了出来，重新在这里繁衍，这使得莫雷阿岛成了研究珊瑚礁生态修复的天然实验室，对研究人员来说意义非凡。同时，这里有许多水下洞穴和裂缝景观，简直是为章鱼量身定制的栖息地。

我们下潜到水面以下 21 米处的章鱼巢穴。我握着基思坚定的手，在水下轻松呼吸。在海水适度的压力下，与身边美丽得不可思议的生物们融为一体，我重新感到了自由。基思指着一群无斑拟羊鱼，它们下巴的触须上有化学感受器，可以探测到隐藏在珊瑚和沙子下面的食物。现在，我面前的这些体长约为 28 厘米的无斑拟羊鱼长着光滑的白色鳞片，上面有着亮黄色的条纹。不过，就像章鱼一样，无斑拟羊鱼的颜色也不是一成不变的。和无斑拟羊鱼一样，须鲷科的其他一些鱼类也能变色。生活在地中海的须鲷科鱼类还因为这种本领成了宴会上的明星，不过这对它们来说并不是什么好事。这些鱼会被活着送上桌，食客可以看到它们在垂死挣扎时变色的过程。

在我们周围，茶杯大小的蝴蝶鱼如同镶嵌了乌木的黄水晶，成双成对地游过。蝴蝶鱼有配对行为，一生都会和伴侣同行，但它们的一生只有七年左右。我们的下方，绿松石色的鹦嘴鱼用它们鹦鹉一样的"喙"从珊瑚中捷海藻吃。所谓的"喙"，实际上是它们紧密排列的牙齿。睡觉之前，它们会从嘴里吐出黏液，形成一个睡袋一样的黏液茧，隐藏自己的气味，不让捕食者发现。鹦鹉鱼是顺序性雌雄同体——所有的鹦嘴鱼出生时都是雌性，然后又都会变成雄性。

这些神奇动物的存在本身就在告诉我：一切皆有可能。

基思很快就找到了章鱼的巢穴。两片空的扇贝壳还在原地，章鱼却不在家。我们以巢穴为中心，仔细搜索了周围30米的范围。这里到处都是角落和缝隙，章鱼可以轻易躲进去，就像黄油融进蛋糕里一样，消失得无影无踪。也许基思遇到的那只章鱼出门捕猎了。要是它没走远的话，我们还有机会见到它。

我们一起边游边找，周围是一群名字奇特、花里胡哨、拖着夸张背鳍的鱼儿们。基思指了指这些鱼，暂时离开我去拍照片了。我只好拼命踩水，不让自己失去平衡或沉下去。我抬起头，看到我的潜伴被八条1.2米长的乌翅真鲨包围着。他们安静地浮在水中——在头顶太阳的照射下，周身围绕着光环。

那次潜水，我们最终还是没有碰到章鱼。浮上海面的时候，我们已经筋疲力尽，连感到失望的力气都没有了。宝贵的一天又过去了，我们依旧没有看见章鱼的踪影。这让我不禁想起，为了到这里来，我还错过了其他重要的事——我抵达莫雷阿岛的那天正好是马里恩和戴夫举行婚礼的日子。巨型海洋水箱也焕然一新，装满了壮观的人造珊瑚和几百条新来的鱼，今天正式面向公众开放了。我非常想念水族馆，想念有脊椎的和没有脊椎的朋友们，尤其是在和他们一起经历了那年春天发生的事情之后。

★★★

春天来了，神奇的事情也随之发生。即使水族馆里灯光昏暗，自然光照不进来，生活在水箱过滤水中的许多动物们仍然感受到了春天的到来。就连一些全年繁殖的热带鱼，在三四月之交，性激素水平也会激增。

一条雄性小眼须雅罗鱼——北美洲小型鲤形目中体形最大的种，正在想办法吸引雌性。它用嘴叼来一颗颗小石头，在水箱底部堆成小丘，又拔了一根丝绸做成的水草，插在石头堆中间作为装饰。这样的求偶行为类似于雄性园丁鸟，这种鸟不会炫耀自己的华丽羽毛，而是通过建造样式精美、装饰巧妙的雕塑来吸引雌性。小眼须雅罗鱼在湍急的溪流和清澈的湖泊中很常见，但人们很少能够观察到它们的筑巢求偶行为。

在冷水区，那条雄性圆鳍鱼终于追到了女朋友。一条雌鱼的身体鼓得像沙滩排球，肚子里装满了卵。它随时可能在它的伴侣选定的岩石巢穴里，产下肚子里几百颗橙色的卵。随后，雄鱼就会给卵受精，再寸步不离地守护这些受精卵。

旁边的水箱里，那条美洲鮟鱇又产下了一片由卵织成的网。"我要是结婚的话，"安娜对我和比尔说，"就把婚纱设计成这样。"

"只是不需要那么多黏液。"我建议道。

比尔反驳道："不，安娜肯定就想要那么多黏液。"

在淡水区，我见证了历史性的一幕——一条极为稀有的维多利亚湖慈鲷诞下了后代。布兰登用一只手撑开了这条身长 5 厘米的维多利亚湖慈鲷的嘴唇，并用另一只手轻轻挤压它的肚子。下一秒，从它的嘴里，喷出了二十三只小鱼，每只都有孔雀鱼幼鱼那么大。雌性维多利亚湖慈鲷会在嘴里把受精卵孵化成小鱼。斯科特告诉我，这个物种太稀有了，连拉丁学名都还没有，并且在野外几乎灭绝了。据他所知，之前也没有人工繁育这种鱼的记录。"我们刚刚可能让世界上维多利亚湖慈鲷的数量增加了两倍。"斯科特说。

在去看奥克塔维亚的路上，我已经快要按捺不住激动的心情，新生命的诞生又更为这趟春天的水族馆之旅增光添彩。我其实可以直接坐电梯或者走员工通道，但我就是喜欢走旋转楼梯时移步换景的感觉：我会经过住满热带鱼的企鹅展区、潮湿的亚马孙雨林展区，走过负子蟾的水箱（有一只展出的负子蟾已经训练好了，不会躲着观众，大家随时都能看见它），路过水蚺和电鳗的水箱，走过浅滩岛和伊斯特波特湾展区，路过美洲鮟鱇和它用卵织成的网，再经过被人工海浪冲刷着的丝绒般的黄海葵……直到最后，来到奥克塔维亚的水箱前。

在出发去南太平洋之前的某天早上，我去看过一次奥克塔维亚，

章鱼的灵魂 | 走进章鱼的奇妙意识世界

却发现它的左眼肿得像橘子一样大。

一开始，我告诉自己肯定是我看错了。可能只是因为水箱灯光太暗，我没看清楚。我打开手电筒，发现奥克塔维亚的角膜的确肿了起来，眼球浑浊到我根本看不见它细细的瞳孔。

"啊，你在这里。"威尔逊对我说。他在等我一起给两只章鱼喂食。

"快看！"我焦急得甚至没顾上和他打招呼，"看它的眼睛！"

"天哪，"威尔逊说，"情况不太好。我们去把比尔叫来吧。"

比尔看了一眼水箱。此时奥克塔维亚稍微转过了身体，我们难过地发现它的另一只眼睛也肿了起来，眼球浑浊，不过情况比左眼好一点。

"星期一它的眼睛还是好好的。"比尔忧心忡忡地说。

这时，奥克塔维亚开始挪动身体，一点一点地把原来吸在巢穴顶部和侧壁上的吸盘收回来，慢慢离开了它视若珍宝却也日渐凋零的卵。最终，只有一条腕足上的几个吸盘还在护着那些卵，其他的七条都漫无目的地在水底晃荡。

我们看不懂这个动作的意图。向日葵海星还在原来的位置，离它要多远有多远，它的卵非常安全。水底也没有任何食物。它似乎只是在闲逛。

我在想它的眼睛是不是瞎了，不过这也并不妨碍它的生活。实验显示，有视力障碍的章鱼仍然可以依靠触觉和味觉在海里畅行无阻。比瞎了更糟糕的是，奥克塔维亚可能正在遭受疼痛的折磨。虽然有些厨师会把活龙虾扔进沸水，坚称无脊椎动物感觉不到疼痛，龙虾往外跑也只是单纯的反射性行为，但这种说法并不正确。研究人员把乙酸涂在对虾的触须上，它们会长时间用很复杂的动作去清理触须上受到影响的传感器。如果打了麻醉，它们就不会清理得那么勤快。螃蟹遭到电击之后，会用钳子在身上受伤的地方揉很久。得克萨斯大学健康科学中心的进化神经生物学家罗宾·布鲁克发现，章鱼也有和螃蟹类似的行为。并且，这时如果触碰章鱼身体完好的部位，它不一定会有什么反应，但要是去碰伤口附近，那它大概率会游走或喷出墨汁。

"比尔，它到底怎么了？"我不知所措地问道。

他看了水箱里的章鱼一会儿。奥克塔维亚的动作看上去杂乱无章，烦躁不安。它的外套膜也一阵一阵地抽动，整个身体的状态就像"头痛欲裂"的真实写照。

"这种情况，"他难过地告诉我们，"就是所谓的衰老。"

奥克塔维亚已经走到了暮年，身体组织正在分崩离析。一星期之前，我在我的邻居身上见过这种衰老的状态。这位老太太今年92岁，和以前相比，显得体格消瘦、神情黯淡。她身体虚弱，脆弱敏感的皮肤上动不动就会出现淤青，还说自己在家门口的草坪上看到了大象。她的身体和心灵都在逐渐枯萎，就像落到地上的果子，慢慢腐烂。

"之前，其他的章鱼在生命的最后阶段，都会漫无目的地闲逛。"比尔说，"它们还会变出白色的斑。但是，我没有见过眼睛病变的症状。"

我又想起了去年八月那个让我心有余悸的夜晚。奥克塔维亚的

章鱼的灵魂 | 走进章鱼的奇妙意识世界

身体像一颗膨胀的肿瘤，那时我和威尔逊都觉得它已经时日无多。但现在，我们一直害怕的那一刻真的要来了。

"我们接下来该怎么办呢？"我问。

衰老本就无药可医，我们自然也无法挽回日渐老去的奥克塔维亚。"我想把从衰老到死亡的自然过程也完整展现出来，"比尔说，"但这也并不一定可行……"

奥克塔维亚的一生即将走到尽头。在这种时候，我们能做点什么让它好过一点？是不是应该把它搬到更舒适、更有安全感的水桶里？野生的雌性章鱼在产卵之后，通常会把巢穴用石头围起来，而水桶就很好地模拟了这种环境，比嵌着巨大展示玻璃的水箱更加接近自然状态。

要是把奥克塔维亚搬到水桶里，它原来待的展览水箱就空出来了，正好可以把年轻的羯磨挪过去。它就和当初的迦梨一样，已经长得比桶还大了。不过，它似乎已经放弃了从桶里逃出来的想法。每当我们轻拍水面，它就会游上来跟我们打招呼，身体变成深红棕色，吃掉喂给它的食物，然后再沉回桶底，变成白色。它性格温柔友好，不过我们在想，活泼一点的状态可能会对它的身体更有好处。

威尔逊坚持认为应该把奥克塔维亚和羯磨的住处互换一下，但安德鲁和克里斯塔却对这个建议感到非常不安。有意思的是，年轻人比较担心老章鱼，年纪大的人反而更关注年轻章鱼的幸福。"要把它从展区水箱、从它的卵身边带走吗？"克里斯塔说，"它会崩溃的！"安德鲁也担心这时候搬家可能会让它直接丧命。

"但是，人们一般会给患阿尔茨海默病的老人换个环境。"我说道，"对他们来说，远离人群会更好。"威尔逊笑了，轻轻的笑声里带着悲伤。"我倒是没想过这点，"他说，"不过确实有道理。"阿尔茨海默病患者无法和外界正常交流，很多患者更适合待在狭小单调的空间里。但是，章鱼也是这样吗？

　　我们应该给暮年的奥克塔维亚一个能够安息的环境，也应该竭尽所能给年轻的羯磨更好的生活条件。但是比起羯磨，我们更加了解奥克塔维亚。自从 2011 年春天奥克塔维亚来到水族馆，它给我们留下了太多美好的回忆。它来我们身边时已经是一只大章鱼了，对大海非常熟悉，极高的伪装技术胜过比尔和威尔逊见过的其他所有章鱼。一开始它很害羞，但渐渐地对我们敞开了心扉，而我们也赢得了它的青睐。我清楚地记得我们之间的许多"第一次"：它第一次伸出一条腕足，用腕足尖碰了碰我朋友莉兹的手，然后双方都立刻缩了回去。它第一次跟我互动，差点儿把我拉进水箱里。它在至少五个人面前，神不知鬼不觉地拿走一桶鱼，让我们又惊又喜。它的触碰安慰了刚刚失去挚友的安娜。我们一起经历了太多太多。我们这些人类从它充满惊喜的一生中得到了太多启发，应该让它舒适体面地走过这最后一程。

　　但我们也不知道具体要怎样做才是最好的。奥克塔维亚不是野生章鱼，它这样的情况没有任何先例可供参考。如果奥克塔维亚生活在野外，那么它肯定活不到现在。就算它活了下来，能够产卵，看着它们孵化，最后的这几天它也会在海里漫无目的地徘徊，忍受衰老、饥饿、孤独，最后被捕食者吃掉，或者自然死亡后被其他动物啃食，就像在西雅图海岸被海星吃掉的奥莉芙那样。

从我们把奥克塔维亚从海里捞出来的那一刻起，它就永远地偏离了自然的生长路径。由于人类的干预，它没有办法遇到雄性章鱼，不能让自己的卵受精。就算它照顾得再好，那些卵也不可能孵化成小章鱼。但与此同时，我们也给它喂食，保护它，给它找了邻居，提供了展览玻璃内外有趣的风景，以及和人类、玩具互动的机会。我们让它免遭饥饿、恐惧和疼痛。在野外，每时每刻它都要担惊受怕，害怕像羯磨那样被捕食者咬掉身体的一部分——更可怕的是，还有可能被活活肢解，然后被吃掉。

自从产了卵之后，奥克塔维亚再也不需要我们的抚摸和陪伴了，不过它至少还喜欢吃我们喂给它的食物。于是这次，威尔逊给它喂了三只鱿鱼。第一只鱿鱼，它用左前腕足抓住，但又掉到了水箱底部，被一只橙色的海星吃掉了。威尔逊直接把第二只鱿鱼放到了它嘴里，它咬住了一会儿，但又松开了。第三只也掉了。

要是比尔给它搬家，它可能就不会在这么大的空间和这么多的选项面前感到迷惑不解了。或者，它也有可能用尽最后的力气反抗，至死守护自己的卵。但是过了几个月，这些卵都没有向它展现一丝孵化的可能性，它或许也忘了卵这回事。我们也不知道它是怎么想的，我们甚至不知道到底能不能给它搬家。

比尔也不知道要怎么办。不过，无论他最终的决定是什么，这都会是一次痛彻心扉的抉择。

★★★

　　早晨的第一缕阳光照进研究中心我和珍妮弗一起住的房间。"别担心,"我的蚊帐外面传来珍妮弗的声音,"我们会找到章鱼的。不一定有很多,数据也不一定有多好,但我们肯定会找到章鱼的。我们的人都是找章鱼的专家,他们都很厉害。"

　　我没有说话,但珍妮弗知道我在想什么。实地考察这种科学方法本身就有很大的不确定性,之前的考察也让我体会到了这点。我们去蒙古调查雪豹,但最后一只雪豹也没有找到;我们去了四次印度孙德尔本斯国家公园的红树林,就看到了一次老虎。有的时候,就算我们找不到研究的动物,也能做出很好的研究。在蒙古,我们收集了雪豹粪便来做 DNA 分析;在印度,我们研究了老虎的足迹,还从当地人那里收集了很多关于老虎的信息。但是在莫雷阿岛,我们必须找到章鱼,因为要让它们做个性测试。如果找不到章鱼的话,整个研究都没法儿做。

　　珍妮弗给章鱼设计了一份性格量表,来测试章鱼的个性是害羞还是外放。我们会在水下,用铅笔和塑料写字板记录章鱼在不同情况下的反应。人靠近时,它会有什么反应?是会躲起来、变色、试探,还是会喷墨汁?用铅笔轻轻戳它,它会有什么反应?是从洞穴里跑出来逃走,还是抓住铅笔,向人喷水?还是什么也不做?

　　我们还提出了关于章鱼的猎物种类和进食原因的三种假设,准备通过研究来证实这些假设。动物行为生态学家大卫猜想,章鱼喜欢吃大螃蟹,但如果找不到大螃蟹,它们也会吃别的动物。海洋生态学家塔蒂阿娜猜想，生活在复杂环境中的章鱼猎物种类更丰富。珍妮弗想要研究章鱼的性格对食物选择的影响。她认为，胆大的章鱼就像自信无畏的人类一样，在捕猎的时候也更有冒险精神。为了验证她的猜想，我们需要收集遇到的每个章鱼洞穴里的食物残渣。

珍妮弗今年 69 岁。她在同行们怀疑的声音中，花了很多年设计出了章鱼性格测试。她刚开始做这一行的时候，大家都不相信动物有自己的性格，也不相信女性能当好科学家、做好实地考察。她在布兰戴斯大学获得了博士学位，研究领域是人类的感觉—运动协调，尤其专注于研究眼动。后来她的领域进一步细化，主要研究精神分裂症患者的眼动。再后来，她就迷上了头足类动物，在布兰戴斯大学心理学院的地下室养了一些大西洋侏儒章鱼，给它们的运动模式分类，研究它们怎样分配水箱空间。

"后来我不再满足于探究'它们是在干什么'这类简单的问题，于是我的研究方向又转向了心理学。"珍妮弗给我讲述她的研究经历。我们的窗外，太阳正从雨林覆盖的火山上升起，公鸡也开始报晓。"我敢肯定，章鱼没有恋母情结，所以弗洛伊德那一套在章鱼这里根本不管用！但是我也认定，动物和人类一样，有天生的秉性脾气，有各自的世界观和处世之道，这些都塑造了它们不同的性格。这个领域只有我一个人在研究，虽然有点怪，但是真的很特别。"

虽然珍妮弗的研究一度遭到忽略和否定，但现在她的研究终于得到了重视，研究成果被认知神经学、神经药理学、神经生理学、神经解剖学、计算神经学等各种领域的研究广泛引用。2012 年，各国著名科学家齐聚剑桥大学，发表了具有划时代意义的《剑桥意识宣言》，这份宣言也引用了珍妮弗的研究成果。《剑桥意识宣言》由包括霍金在内的众多学者签署，美国哥伦比亚广播公司的《60分钟》节目对签字仪式进行了记录。这份宣言表示："人类在拥有产生意识的神经基质方面并非独一无二。非人类动物，包括所有哺乳动物和鸟类，以及许多其他生物，包括章鱼，也拥有这些神经基质。"

可以说，没有人比珍妮弗更了解章鱼。既然她说我们一定能找到章鱼，那我就选择相信她。

那天早上，我们前往之前调查过的一片海域浮潜，那里可能会有章鱼出没。这片区域的海底先是一片缓坡，然后就是陡峭的悬崖。这里有许多活珊瑚和死珊瑚，地质坚硬，沟壑纵横。其他人在浅滩寻找章鱼，我和大卫则往深一点的地方游去。大卫立刻发现了章鱼活动的痕迹：火焰贝的贝壳上巧妙地堆叠着两只蟹钳，就像吃完饭后摆在厨房水槽里没洗的盘子。"是章鱼巢穴，却没有章鱼。"他说道，"不过我觉得这个地方有戏。"

我的心情就像中了彩票。珍妮弗一直在一米左右深的浅滩搜寻目标，但是浅滩浮潜对我来说太难了。在浅滩，我们的下巴、嘴唇甚至额头时不时被大团又粗又硬的棕色喇叭藻擦到。每次转身，我都害怕尖尖的珊瑚会刮到我的胸部。我还担心会踢到这里为数不多的活珊瑚，压到海参，或者被这里随处可见的海胆刺到，它们的刺又黑又长还有毒。最可怕的是致命的毒鲉，它们和海底的沙子融为一体，我们根本看不见。它们的毒刺能轻易夺走人的性命，不过在此之前，被刺到的人会遭受巨大的痛苦，甚至会求着医生给他截肢。我祈祷这些都不要发生。

但在水深的地方畅游，就纯粹是一种享受了。我们身边都是游来游去的鱼儿，它们的眼睛亮亮的，身上的条纹闪烁着五彩的光，肚子是橙色的，脸是黑色的，身上的斑点像抽象画一样。一只玳瑁出现在我们下方，用翅膀一样坚硬的鳍状肢划开海水前行。许多只黑边鳍真鲨从我们身边掠过，轻柔得好像斑驳的光影。往下看，海底点缀着黄蓝相间的活珊瑚，各种角落缝隙为章鱼提供了完美的栖身之处。

在水下，大卫开始教我自由潜水。屏住呼吸，潜到下面找章鱼巢穴，再浮出水面，把呼吸管里的水吹出去，就像鲸鱼喷水一样。大卫在装负重的腰带上装了一个带盖子的小桶，用来收集食物残渣。他发现了很多贝壳和甲壳，至少有十堆，直到后来小桶都不够放了。大卫打着手电筒仔细查看岩石和珊瑚的缝隙，这里到处都有章鱼生活的痕迹：贝壳堆成小山，最上面是蟹钳，就像碗里放了一把勺子。"除了章鱼，也没有别的动物会把贝壳堆成这样了。"大卫说，"它们肯定刚出门。"上午才过了一半，他就已经发现了两三处章鱼巢穴，但是里面都没有章鱼。抬头向上看，我们发现天空中有乌云在聚集，只能恋恋不舍地上岸，和其他人会合了。我们远远地看见他们在朝我们招手，于是加快了速度。珍妮弗把呼吸管从嘴里拿出来，向我们宣布："我找到章鱼了！"然后又把脸伸进了水里。

等我看到那只章鱼的时候，它已经退回了巢里，我只能看见它白色的吸盘和浅蓝色的腕足。不过，有其他好消息：今天还有人发现了另外一只章鱼。在初次搜寻的头十分钟，塔蒂阿娜就找到了一只章鱼。它当时在外面捕猎，腕足和腕间膜正在一条浅沟里搜寻，皮肤闪烁着蓝绿色。它看见塔蒂阿娜之后，头和腕足先后变成了棕色，然后钻进了洞里。

雨滴落下，整个海面如同沸腾的油锅，噼啪作响。雨天随时可能有闪电落下，水中不宜久留，我们决定回研究中心。塔蒂阿娜坐在大概 30 厘米深的水里脱掉蛙鞋，大卫趁这个时候最后往海里看了一眼。就在塔蒂阿娜附近的一块石头旁边，有一堆贝壳和一个洞穴，洞口露出了一只章鱼的吸盘——这是我们今天碰到的第三只章鱼。

之后的几天，我们去调查了更多地方，但大多数时候都见不到章鱼的身影。不过，截至调查第一周的最后一天，我们还是在三个不同的地点找到了六只章鱼。我们收集并识别出了几百种章鱼猎物，从章鱼栖息地搜集到了几千条数据。我已经深深爱上了这群新朋友，也对调查能够取得成功感到无比庆幸。我很想向朋友们表达我的感激之情，于是在星期天，趁着大家休息、其他人去观光游览的工夫，我和基思一起去了当地的章鱼教堂。

在距离研究中心不远的帕佩托艾村，曾经有一座供奉章鱼的庙宇，当地人把章鱼当作他们的守护神。对于这里靠海吃海的人们来说，章鱼有着不可思议的神力、千变万化的外形，而数量众多的腕足则是团结与和平的象征。现在，曾经的章鱼神庙变成了新教教堂。它始建于 1827 年，是莫雷阿岛上最古老的教堂，依然供奉着章鱼。这座八角形的建筑坐落在罗图伊山下，莫雷阿岛的人们觉得这座山的形状就如同章鱼的轮廓。

我和基思在后排落座，我们是在场大约 120 名信众中唯二的外国人。这里的人几乎都有文身，许多妇女戴着用竹子和鲜花做的精美帽子。牧师头戴花环，花环由绿叶、黄色木槿、白色鸡蛋花、红色和粉色三角梅组成，长长的花草垂至腰部。唱诗班的妇女则头戴花叶头饰，她们的歌声低沉而铿锵，回荡在教堂里，就像来自大海的吟唱。教堂面朝大海，海风吹过敞开的窗户，就像在为人们祈福。基思低声对我说："我们像是到了亚特兰蒂斯①。"

教堂里的仪式使用的是塔希提语。我不懂这种语言，但我理解崇拜的力量，以及思考的重要性。无论是在教堂还是在珊瑚礁潜水，我都在接触神秘的事物。教徒们在这里参加仪式，我与雅典娜、奥克塔维亚、迦梨和羯磨互动，这两者的本质并无不同：我们都是在追寻一种奥秘。它存在于我们所有的联结中，所有深层的困惑中。追寻这种奥秘，就是试图触碰灵魂。

但灵魂究竟是什么呢？有人说灵魂就是自我，是寄存在身体之中的"我"的意识。没有了灵魂，身体就如同没有通电的灯泡。但也有人说，灵魂不仅仅是生命的引擎，更是人生意义和目标的来源，是宇宙的印记。还有人说，灵魂是我们内在的本质，赋予了我们感官、智慧、情感、欲望、意志、个性和特质。也有人认为，"灵魂是永恒的内在意识。思绪善变，世事无常，但灵魂始终如一"。这些定义可能都是真理，也有可能都是谬误。不过，坐在教堂长椅上时，我确认了一件事：如果我有灵魂的话，那章鱼一定也有灵魂。

教堂里没有十字架，也没有耶稣受难像，只有鱼儿和船的雕刻

---

① 传说中具有高度文明的古代大西洋岛国，在史前大洪水中沉入海底。

图案，这让我感到轻松自在。牧师用塔希提语布道，起伏的音调就像滚滚波涛，把我带到了世界各地，领略不同的章鱼传说：在吉尔伯特群岛，创世神的儿子——章鱼神纳基卡，用八条有力的手臂从太平洋的底部托起了群岛；在不列颠哥伦比亚省和阿拉斯加的西北海岸，人们认为章鱼控制着天气，掌管着疾病与治愈；在夏威夷，上古神话告诉我们，现在的宇宙其实是更古老宇宙的残余，而古老宇宙的唯一幸存者就是章鱼，游走于两个世界之间的夹缝中。对于世界各地的航海者和沿海居民来说，章鱼善于变化的能力和富有弹性的腕足将陆地与海洋、天堂与人间、过去与现在、人类与动物联系在一起。即使我还在科学考察途中，当我身处面朝大海的八角教堂，沐浴在祝福里，沉浸在神秘中，也不禁开始祈祷。

我祈祷科考活动能够获得成功，祈祷这里的章鱼不要光给我看岩石下面露出来的吸盘，而是出来好好和我见上一面。我为远在美国的丈夫、狗狗、朋友祈祷。我为巨型海洋水箱祈祷——千万不要漏水! 我也为水族馆的伙伴们祈祷。我还为我认识的章鱼们的灵魂祈祷——那些活着的，那些已经死去的，我永远也不会忘记它们。

★★★

那天我离开水族馆之后，奥克塔维亚左眼的病变愈发恶化，右眼也依然浑浊。现在它上了年纪，神志不清。和其他动物住在一起，水箱里又有这么多硬东西，难免会有个磕磕碰碰，伤到自己。周四上午，羯磨那边又出现了一些让比尔伤脑筋的新情况。

上午十点左右，比尔发现羯磨住的桶里传来一些奇怪的动静。还没把盖子打开，他就透过气孔看到了以前从来没有见过的一幕：羯磨头朝下、腕足朝上，浮在水面上，露出腕足中间黑色的口器，正在慢慢咀嚼盖子上的塑料网。

　　把塑料网和盖子绑在一起的绳子是新换的，现在已经被羯磨咬断了。比尔看到这一幕，才突然明白了为什么迦梨死的时候这里的绳子是断的。原来不是因为自然磨损，而是因为迦梨也像现在的羯磨一样想要逃跑，咬断绳子是逃跑计划的一部分。

　　"我真的很担心。"比尔对我说，"我其实还是不想给奥克塔维亚搬家。"他害怕会伤到它，甚至根本抓不到它，毕竟他之前从来没给住在展览水箱的章鱼搬过家。"但是看它们俩的情况，好像也只能搬了。"

　　那天下午和晚上，比尔一直忙着给各种鱼挪地方。他先把几条红鲷从伊斯特波特展区转移到大石礁展区，把非展览区的美洲胡瓜鱼转移到伊斯特波特水箱。这样一来，刚从日本运来的海星就可以住进非展览区空出来的水箱里。他又把两条小红鲷、两条狮子鱼和一条食蚖鳎，从非展览区移到了伊斯特波特展区，然后把它们原来住的水箱给了新来的东太平洋红章鱼。这只章鱼还很小，只有我的手掌那么大。比尔决定等游客都走光了之后，再转移奥克塔维亚和羯磨，毕竟他也不知道搬家的时候会不会出什么岔子。

　　还好那天有达尔尚·帕特尔来帮忙。他今年29岁，是每周四会来的志愿者，在比尔手下工作。他们一起把装着羯磨的190升的水桶从水池里拎出来放在地上，然后比尔打开了奥克塔维亚水箱的盖子。他站在水箱顶部，拿着一只带金属长柄的柔软深网兜，试图把奥克塔维亚从角落里捞起来。达尔尚则在下面的游客区，通过展示玻璃观察奥克塔维亚的位置。网兜刚碰到奥克塔维亚，它就缩进了洞穴里，比尔在上面根本够不到它。两个人只能换了一下位置，达尔尚去水箱顶部看着奥克塔维亚，防止它趁着盖子打开的时候跑出来。比尔则下楼查看它的位置，制定下一步的对策。

为了捉到奥克塔维亚，他们还得把钉在水箱上的那部分盖子打开。达尔尚穿上涉水裤，站到水箱里。比尔也上了楼梯，在水箱外面忙活。奥克塔维亚浑浊的眼睛一直在跟着比尔转。

达尔尚身高约 1.78 米，水深大概到他的腰部，但他一旦弯腰，水就会从胸部灌进涉水裤。另一半盖子打开了，奥克塔维亚开始往狼鳗那边的隔板移动。比尔拿着网兜，站在外面。达尔尚则站在水里，一手拿网兜，一手空着。"我们当时特别小心翼翼，想慢慢引导它游到网兜里。"比尔告诉我。但是，奥克塔维亚一次又一次从他们手里逃脱。有一次，它已经有四条腕足在网里面了，但还是用另外四条腕足紧紧抓住石头。达尔尚对它紧追不放，它就把半个身子和两条腕足挤进石头缝里不肯出来。"它老了，但还是很有力气。"达尔尚说，"千万不要小看它的吸盘，你根本想象不到它的劲儿有多大。"

他们忙活了一阵子，发现想靠网兜把它捞上来基本是没戏了。达尔尚泡在冷冰冰的水里守着。趁着奥克塔维亚离水面只有不到 30 厘米时，比尔迅速换上潜水服准备下水，同时祈祷着奥克塔维亚不要趁这个工夫跑出来。

比尔穿着潜水服走进了狭窄的水箱，把达尔尚换了上来。两个人走动的时候都非常小心地避开了水箱底部的海葵和两只革海星。那只向日葵海星像往常一样，待在奥克塔维亚巢穴的对面，用腕末端的眼点观察着他们的一举一动。身高将近两米的大个子比尔弯下腰，虽然还是看不见缩在巢穴里的奥克塔维亚，但至少能摸到它的吸盘，轻轻地把它向网兜里赶。

达尔尚没想到，比尔只碰了一下，奥克塔维亚就乖乖地游进了网兜。它已经有十个月没碰到过比尔的皮肤了，而且它一直待在洞里，也看不见之前用长柄夹子给它喂食的人是比尔。即便如此，奥克塔维亚还是积极地回应了他。这就是他们之间不同寻常的纽带：它不光记得他，而且还很信任他。

★★★

在莫雷阿岛又待了一段时间，我渐渐明白了为什么即使我们找到了章鱼，它们也不肯出来。我们在做性格测试的时候，用铅笔轻轻戳章鱼，有几只会用腕足把笔抓住。但就算是这些大胆的章鱼，似乎也明白海洋对于它们这种没有硬壳保护的无脊椎动物来说有多么危险。我们在观测点近距离看到过海鳝、鲨鱼，不过还有比它们更可怕的捕食者。我们去调查一处可能有章鱼出现的地点，但没有找到章鱼。一开始我们还觉得很奇怪，后来才知道那个地方之前有渔民来过。

还有三天就要离开莫雷阿岛了，我们依然没找到几只愿意出来见我们的章鱼。我们回访了之前去过的调查地点，那里的章鱼依然躲在洞里，只给我们看了看它的吸盘。

回到浅滩，大卫正在180米外的地方朝我们兴奋地招手。在仅有90厘米深的海水中，我和基利朝他游过去，掠过死去的珊瑚，避开海胆和毒鲉的尖刺，一路上还不忘留意可能藏着章鱼的洞穴。大卫在我们前面30厘米的地方，给我们指了一堆覆满海藻的嶙峋石块，但是我根本看不见石块里的洞穴开口在哪儿。

直到我发现，这堆"石块"长着眼睛。

这其实是一只章鱼。它趴在自己巢穴的顶上，把腕足藏在了身体下面，高出巢穴约30厘米。它大约有23厘米长，凹凸不平的皮肤泛着红色，上半身顺着岩石垂下，挂在外面就像一个大鼻子。它在头部变出了星芒的图案来隐藏自己的眼睛，两只眼睛中间还有一条白色的竖线，有点儿像我家养的边牧。我们靠近的时候，它珍珠一般剔透的虹膜就跟着我们转，中间是条状的瞳孔。它皮肤上的突起随着海水微微摆动，就像岩石上的海藻，除此之外没有任何动作。这种状态持续了至少一分钟，然后，它终于动了。它把一条腕足从身体底下伸出来，腕足尖插进了鳃里，好像在挠痒痒。

我和大卫着迷地看着这只章鱼，完全没有注意到基利从我们身边游开了。水下更深处传来了她闷闷的声音："又找到了一只章鱼！而且它还在捕猎！"

大卫守着这只章鱼，我则游到几米之外的基利身边，去看她发现的那只章鱼。但这次，我还是没看出来章鱼到底在哪儿。观察了好一会儿，眼前的景象和脑海中的章鱼形象才逐渐吻合。这只章

　　章鱼的灵魂 | 走进章鱼的奇妙意识世界

鱼比大卫找到的那只小一些，身高只有大约15厘米，臂展甚至连15厘米都没有。它的身上是棕白相间的斑点，皮肤遍布不规则的突起——眼睛上方的两块尤为明显，就像猫头鹰的耳状羽毛。要是有人给我看它的照片，再给我描述一下它的大小，问我这是什么动物，我真的会以为这是一只东部鸣角鸮。

然后，它突然喷水，离开了石头，从"猫头鹰"变回了一只章鱼，不过看起来依然不太像章鱼。就在我们面前，它不断变换形态，一下变成丝巾，一下变成跳动的心脏；上一秒还是正在爬行的蜗牛，下一秒又变成了一块覆盖着海藻的石头。最后，它躲进洞里，就像水流进下水道，消失得无影无踪。

我把头伸出水面，向大卫喊道："这只章鱼在捕猎！"

"我这边这只也是！"他回应我。

我和基利游到大卫那边。大卫发现的那只章鱼正用腕足支撑着身体，在沙子上面爬。我们三个就跟着它。它转向左边，将腕足全部伸展开，腕足长度超过了1.2米。同时，通过这个动作，我们也得以窥见它生命中某个惊心动魄的时刻——它有三条左前肢都是断的。和羯磨一样，这只章鱼也曾经从捕食者手中逃出生天。腕足断面的皮肤已经愈合了，但被咬掉的部分还没来得及重新长出来。我的内心涌起一阵同情，也感到十分钦佩。它肯定还记得之前与死亡擦肩而过的经历，但这只勇敢的章鱼并没有因为一朝被蛇咬而躲开我们。它走在海底的沙子上，我们就跟在后面。它会时不时地看看我们，确保我们在它的视野范围之内。我们对它感到好奇，它其实也一样，想要知道：你们是谁？为了探索这个问题的答案，它愿意冒着风险与我们接触。它停下脚步，转过身，伸出没有被咬过的右三腕足，开始品尝我潜水衣上橡胶手套的味道。

这是一只雌性章鱼，右三腕足长满了吸盘，一直延伸到根部。它和迦梨一样，神气活现，英勇无畏，就像少了一条腿的海盗船长。

于是，我们这个由人和章鱼组成的小队，就在章鱼队长的带领和注视下巡游海底。突然，它的皮肤从红色变成了深棕色，腕足上出现了三排浅色的斑点。接着，它又突然变成白色。珍妮弗见过这种情况，章鱼用这样的方法来恐吓静止的猎物，让它们动起来。但是，附近没有任何螃蟹或者鱼儿出现，所以它是在变颜色给我们看。或许，它也在对我们进行性格测试。就像我们用笔去戳章鱼看它会有什么反应那样，它也在等待我们的反应。不过，我们并没有做什么，只是静静地看着它。但愿这样的反应不会让它太过失望。

过了一会儿，它把皮肤捋平，颜色变成了浅黄褐色，喷水游走了。我们踢水加速，跟上了它。它游了几米，又落到了海底，皮肤变成巧克力棕色，重新变出突起，开始在沙子上爬行。这种举动就好像是在带我们游览它住的地方。基思上次在潜水时，以及马修在"章鱼堡"时，都有过类似的经历。这是一次奇妙的旅程，我们的导游会不断改变形状，呈现出迷幻的色彩。游着游着，它的身体两侧突然出现了一对眼斑——两个直径 6 厘米的蓝色圆环。一般来说，章鱼会在看见捕食者的时候变出这样的图案，来转移捕食者的注意力，隐藏真正的眼睛，同时让章鱼的体形看起来比实际更大。除此

章鱼的灵魂 ｜ 走进章鱼的奇妙意识世界

之外，眼斑可能还有我们尚未发现的其他作用。在巡游海底的旅途中，它还会停在珊瑚碎石上，对着大卫的水下摄像机摆姿势，把手臂伸进碎石的洞里，探寻猎物。在洞里找食物时，它一直盯着前方，就像人在口袋里找钥匙一样。

我们在温暖的浅滩里与章鱼同游，时间在这一刻仿佛失去了意义。我们可能一起度过了五分钟，也有可能是一个小时。后来，我们才算出，这段旅程大约持续了半个小时。旅程的最后，大卫把头从水里探出来，提议我们离开这里，不再打扰它捕猎。

与这只章鱼的相遇似乎给我们的科考活动带来了好运。接下来的两天，我们又在同一个地点找到了三只不同的章鱼。最终，我们的科考队在莫雷阿岛的 5 个不同地点找到了 18 只章鱼，在章鱼的食物残渣中收集了 244 块贝壳和甲壳，在有章鱼居住的洞穴外记录了 106 种不同类别的食物残留，并辨别出章鱼会捕食的 41 种动物。这次科考收获颇丰，大量的数据足够让珍妮弗、大卫和塔蒂阿娜研究几个月了。

不过对我来说，这次科考最大的收获还是与那只断足的雌性章鱼同游海底的经历。大卫也说，我们当时特别幸运。"那次绝对是我人生中与章鱼最神奇的一次相遇。"大卫研究野生和人工饲养的章鱼长达十九年，他的肯定无疑是对这趟旅程的最高评价。

和野生章鱼同游，对我来说无异于梦想成真。但比这更加珍贵的，还是我在四月末回到了水族馆后，与奥克塔维亚共度的那段最后的时光。

★★★

　　搬进水桶里的奥克塔维亚变得十分平静。它没有找自己的卵，也没有咬盖子上的塑料网。住进新家的羯磨非常开心。它一开始还有些紧张，不肯从桶里出来，还是比尔拉住它的一条腕足把它轻轻拽出来的。不过一出水桶，羯磨就立刻开始探索这个全新的空间，皮肤变成了代表兴奋的红色，身体完全舒展开，就像是在风中招展的旗帜。

　　事实证明，比尔的选择是正确的。这几个月来，奥克塔维亚寸步不离地守卫着自己的卵。起初，这一举动充满了仪式感，但是到了后来，照顾这些卵好像也失去了意义。就像坐在巢里孵蛋的鸟儿一样，照顾受精卵的野生雌性章鱼肯定会感受到卵里面的生命，察觉到胚胎成长的迹象。幼鸟还在蛋里的时候就能发出叫声，啁啾鸣啼，与外面的母亲相互应答；章鱼卵里的胚胎清晰可见，章鱼妈妈可以见证它的孩子们从"小米粒"长成小章鱼的过程，也可以感受到宝宝们在卵里动来动去。奥克塔维亚却无法得到这样的反馈。也许，它一直坚持照顾这些卵，只是出于原始的冲动。只要看到这些卵，它就会想要保护它们，就像雌性红毛猩猩会抱着自己死去的孩子，为它梳毛，几天都不愿意放手；就像有些宠物狗会守在主人的遗体旁边不肯离去。奥克塔维亚可能已经在怀疑照顾这些卵的意义，但本能又让它不得不继续履行母亲的职责。把它和那些卵分开，对它来说可能反而是一种解脱。在生命的尽头，它终于可以休息了。

　　奥克塔维亚搬家还给我们带来了一段意料之外的美妙时光。六

　　　　　　章鱼的灵魂｜走进章鱼的奇妙意识世界

月份它产卵的时候，我们还以为今后再也无法摸到它了，它应该会守着自己的卵直到灯枯油尽，再也不会多看我们一眼。而现在，它或许会让我们再摸摸它，让我们用这悲喜参半的告别仪式，为它的生命画上句号。

两只章鱼搬家之后的那个周三，我和威尔逊来到了水族馆，得知奥克塔维亚自从搬到水桶里之后就没怎么动过。大部分时间里，它都待在水桶的角落里，用两条腕足遮住肿胀的左眼。这几周，比尔变着花样，给奥克塔维亚准备丰富的大餐，但这也阻止不了它的胃口逐渐变差。周五，它吃了一只活螃蟹，比尔还提前去掉了螃蟹的钳子，以免伤到它。周日，它吃的是虾，但之后连续两天都没有吃任何东西。

有史以来第一次，我不敢去见这位章鱼旧友。这几个月，我只能透过玻璃，就着昏暗的灯光看它。过了将近一年，我终于可以再次与它真正面对面，不用再隔着一层玻璃，我却近乡情怯。我害怕看到它浑浊肿胀的眼睛，暗淡枯萎的皮肤，和虚弱迷茫的身影。

即便如此，我还是渴望和它见面。自从去年六月它产卵以来，我就再也没有碰过它。当我站在游客区域，透过水箱的玻璃看着它照顾那些卵的时候，它是否也在望向我？好几个月之前，它曾透过水面的涟漪望向我，我会给它喂食、摸它的头。它现在还记得吗？还能认出我吗？

克里斯塔和布兰登站在水桶旁边，看着我和威尔逊把盖子拧开。奥克塔维亚静静地缩在桶底，皮肤呈现出紫褐色。它的头向左边别过去，藏起了肿胀的左眼，右眼却奇迹般地恢复了正常，大大的瞳仁机警地看着我们。威尔逊右手拿着一只鱿鱼，伸进水里来回摆动，让奥克塔维亚能够闻到、品尝食物的味道。过了不到二十秒，它就翻了个跟头，浮到了距离水面四分之一的地方，向我们露出蕾丝花边一样的白色吸盘。威尔逊的手深深浸入冰冷的水中，把鱿鱼放在了靠近口器的大吸盘上，看着它抓住了食物。这时，我也把手伸了进来，我们两个人的手都泡在水里，供它品尝。它会再次接纳我们吗？它还记得我们吗？

水里的奥克塔维亚又往上浮了一点儿，几百个吸盘露出了水面。它轻轻吸住了威尔逊的手，一开始只用了几个吸盘，然后更多的吸盘搭了上来。它的一条腕足伸出水面，动作缓慢但目标明确，缠上了威尔逊的手掌和手腕，另一条腕足也紧随其后，像一张紫黑色的网，逐渐升起、展开，从威尔逊的手掌开始，慢慢覆盖住了整条小臂。

"它认出你了！"克里斯塔激动地叫道，"威尔逊，它还记得你呢！"奥克塔维亚的两条腕足还缠着威尔逊没有放。这时，它又伸出了一条腕足握住了我的右臂，另外两条腕足攀上了我的左臂。带着湿意的吮吸既温柔又熟悉，如同一个轻轻的吻。

"我听说搬家的时候他认出了比尔，然后立刻就进了网兜。之前我还不相信，"威尔逊说，"现在我信了……毫无疑问，它什么都记得。"

接下来的五分钟，奥克塔维亚一直待在水面，抚摸吮吸着我们的皮肤，慢慢回忆往昔。它还分了一条腕足给克里斯塔——它们之前有过一面之缘。"不知道它现在感觉怎么样呢？"我呢喃道。

"它现在已经是个老太太了。"威尔逊的语气十分温柔，好像是在回答我的问题。威尔逊来自与我们不同的国度，他们的文化非常注重敬老。我的朋友莉兹在《传统方式》一书中写过，布须曼人在遇见狮子时，会尊称它们为"n!a"，这个词的意思是"长老"。威尔逊叫奥克塔维亚"老太太"，很少会有人这样称呼一只章鱼，但奥克塔维亚当得起这个尊称。即使它现在已经老得快要动弹不得，它还是像一位慈祥的老太太一样，风度翩翩、体贴周到地前来迎接自己的朋友。

我们谁都没有说话，静静地握着奥克塔维亚的腕足，就这样过了不知道是五分钟还是十分钟——我们已经进入了章鱼时间。奥克塔维亚倒挂在水面，白色的吸盘在抚摸之下微微卷起，包裹住我们的指尖。它从虹吸管里喷出水，但不是像之前那样强有力的水柱，只是让水面微微泛起了涟漪。

它的身体完全舒展开，在八条腕足的交汇处露出了一点儿黑色的口器，就像是一朵盛开的花吐露出花蕊。"它现在很温柔、很平静。"威尔逊说。

然后，威尔逊做了一个让我意想不到的动作——他轻轻地把手指放在了奥克塔维亚的嘴边。

"这样太危险了！"布兰登提醒道。迦梨咬伤安娜的那天他就在旁边，我被龙鱼咬的时候也是他给我包扎的伤口。虽然他自己也被动物咬过不少次，但并不想看到别人受伤。不过，威尔逊也不会平白无故地去招惹动物。他不会像那些年轻的实习生和志愿者那样，仅仅因为好奇就把手伸进水箱，让电鳗电自己。

"它不会咬人的。"威尔逊让布兰登不要担心。他用食指轻轻抚摸它的口器,这样亲密的动作和深深的信任,他从来没有对奥克塔维亚以外的章鱼展现过。

最后,奥克塔维亚沉回了桶底,依然把肿胀的眼睛藏起来,用好的那只眼睛看着我们。它活了这么久,度过了丰富的一生,一定是累了。它见过两个不同的世界:在海洋野性的怀抱里,它学会了伪装的艺术;在水族馆与人相处的过程中,它品尝了我们的肌肤,记住了我们的面孔,但也没有忘记从祖先那里继承下来的将卵串成珠链的本能。它是来自另一个国度的使节,让来到水族馆数十万游客领略章鱼的魅力,让那些原先讨厌章鱼的人也爱上了章鱼。奥克塔维亚的一生真是一次伟大而又传奇的旅程。

我倚靠在水桶边,弯下身子看它,心中充满了敬佩与感激。我的眼睛湿润了,一滴泪落入水中。人类因强烈的情感波动而流下的眼泪,在化学成分上有别于受刺激而流下的眼泪。喜悦和悲伤的眼泪中含有催乳素,这种激素会在人类享受性爱、经历梦境和癫痫发作时达到峰值。在女性体内,催乳素还会刺激乳汁的合成。不知道奥克塔维亚能不能品尝出我此刻的感受。我想,它可能已经察觉到了泪水的味道,因为鱼类和章鱼体内都会分泌催乳素。

奥克塔维亚待在桶底休息,褐色的皮肤上出现了苍白的网状花纹。"它真漂亮!"布兰登由衷感叹道。他以前从未和它近距离接触过,只是隔着展区水箱的玻璃见过它。但即使是现在,在它的生命即将结束的时候,奥克塔维亚还是很美。除了眼睛不好,它看起来很健康;虽然很瘦,但它没有死皮白斑。"它是个美丽的老太太。"

我说。

在接下来的几分钟里，人和章鱼都静静地互相看着对方。让我没想到的是，这时奥克塔维亚又浮了上来。我们看向桶里，发现威尔逊刚才喂给它的鱿鱼还留在桶底。我们当然希望它有胃口吃东西，但它没有吃掉鱿鱼，其实也说明无论是刚才还是现在，它游上来都不是为了要吃的。

那么，它浮出水面的原因就非常显而易见了。整整十个月，它和我们没有任何接触，没有抚摸我们的皮肤，也没有在水箱上方看到过我们。它疾病缠身，虚弱不堪。也许再过不到一个月，也许在五月某个星期六的早晨，比尔就会发现它苍白消瘦的尸体，一动不动地躺在桶底。尽管如此，在这一刻，我们还是读懂了奥克塔维亚的心意：它不仅记得我们、认识我们，还想再次触摸我们。

★★★

翻新完毕的巨型海洋水箱中刚刚注满海水，闪烁着生机勃勃、充满魔力的绿色光芒。光芒散去，映入眼帘的是成百上千的鱼儿和全新的人造珊瑚，颜色多彩，形状各异，在水中争奇斗艳。工作人员首先把体形最小的那些鱼类重新放进了水箱里，这样它们就可以先适应环境，安心地住进珊瑚的缝隙里，不会受到后来的大型掠食性鱼类的打扰。桃金娘回到了原来的领地，企鹅们也各归其位，每只都重新占据了和十一个月前一模一样的位置，叽叽喳喳地向每一个走进水族馆大门的人打招呼。

七月一日，焕然一新的巨型海洋水箱正式向公众开放。这一天也是马里恩和戴夫举办婚礼的日子。斯科特作为主持人在婚礼上致辞，讲了很多马里恩和水蚰的故事，引得一位客人开玩笑说："这是我参加过的最好的'蛇类'婚礼。"威尔逊和家人们把他的妻子黛比从辅助生活社区接了出来，她坐在轮椅上参加了孙女索菲的聚会。黛比认出了聚会上的每一个人，而且玩儿得很开心。夏天结束的时候，克里斯塔参加了水族馆的招聘面试，从五十个候选人当中脱颖而出，拿到了教育科普部门的长期职位。那年的七八月份，有四十三万人参观了新英格兰水族馆，创下了建馆四十四年以来的最高纪录。

★★★

　　九月的一个星期三，我来到章鱼水箱旁边。一大群游客围在羯磨面前，看着它充满活力的身影。它用又大又白的吸盘在水箱玻璃后面爬来爬去，一双狭长的瞳孔注视着周围的人们。"呀！是章鱼——"头上用粉色缎带扎着三条小辫子的金发小女孩兴奋地喊道。"哇，太酷了！"一个穿着皮夹克的十几岁男孩感叹道。"同学们，快来看啊！"学校旅行的带队老师招呼着她的学生们，"章鱼出来了！"

　　我跑上楼梯和威尔逊会合，然后一起打开了水箱的盖子。羯磨立刻游上来迎接我们，皮肤变成鲜艳的红色，身体翻过来，露出腕足上的吸盘。我们把鱼一条一条递给它。总共六条毛鳞鱼，它全都迫不及待地接了过去，把鱼堆积在腕足交汇处的嘴边。我们喂食的时候，水箱下面亮起了一片闪光灯。它一边吃东西，一边忍不住要跟我们玩儿。它把腕足伸出水面，握住我们的手使劲吮吸，在手背和手臂上留下爱的吻痕。

它真的把六条毛鳞鱼全吃了吗？我们走下楼，到水箱玻璃前检查有没有鱼掉到了水底。

一个男孩问我们："刚才是你们在给章鱼喂食吗？"他的语气就好像我们刚刚是在和总统共进晚餐一样。我们自豪地点了点头。

"它认识你们吗？"一个留着小胡子的中年男子用怀疑的语气问道。

我们说："它当然认识我们！它对我们的了解程度，甚至可能比我们对它的还深。"

即使与羯磨相伴这么久，我还是有很多疑问。它看见我们的时候，脑海里（或者说腕足的那么多神经元里）在想些什么呢？当它看到我、比尔、威尔逊、克里斯塔或者安娜的时候，它的三颗心脏会不会跳得更快？如果我们消失了，它会感到悲伤吗？对于一只章鱼或者其他动物来说，悲伤到底是什么呢？当它把庞大的身躯塞进巢穴的小小缝隙时，它会有什么样的感觉？它用皮肤品尝毛鳞鱼，会尝出什么味道呢？

当然，我无法知道这些问题的答案，也无法确切地知道这对它来说意味着什么。但是我知道，无论是羯磨、奥克塔维亚，还是迦梨，对我来说都有特殊的意义。它们永远改变了我的生活，无论是现在还是将来，我都会一直爱它们。它们给了我一份珍贵的礼物，让我更加深刻地理解了思考、感受和认知的意义。